高级服装缝制工艺

Sewing
Techniques for Beginners

（美）弗朗西斯卡·斯特拉奇（Francesca Sterlacci） 著

周 捷 译

东华大学出版社·上海

图书在版编目（CIP）数据

高级服装缝制工艺 /（美）弗朗西斯卡·斯特拉奇著；周捷译.
—上海：东华大学出版社，2022.1

ISBN 978-7-5669-2008-9

Ⅰ.① 高… Ⅱ.① 弗… ② 周… Ⅲ.① 服 装 缝 制

Ⅳ.① TS941.634

中国版本图书馆 CIP 数据核字 (2021) 第 230062 号

责任编辑　谢　未

版式设计　赵　燕

This book was designed, produced and published in 2019 by Laurence King Publishing Ltd., London.'

高级服装缝制工艺

【美】弗朗西斯卡·斯特拉奇　著

　　　周　捷　译

出　版：东华大学出版社

（上海市延安西路 1882 号　邮政编码：200051）

出版社网址：dhupress.dhu.edu.cn

天猫旗舰店：http://dhdx.tmall.com

营 销 中 心：021-62193056　62373056　62379558

印　刷：当纳利（上海）信息技术有限公司

开　本：　889mm×1194mm　1/16

印　张：21.5

字　数：774 千字

版　次：2022 年 1 月第 1 版

印　次：2022 年 1 月第 1 次印刷

书　号：ISBN 978-7-5669-2008-9

定　价：198.00 元

目录

第9章

口袋

第10章

拉链

内容简介

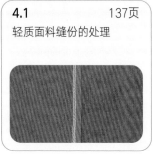

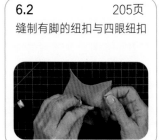

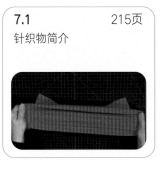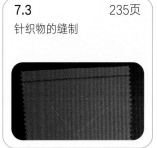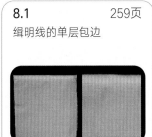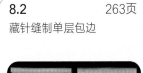
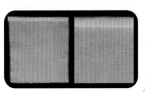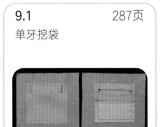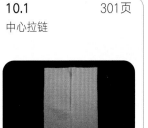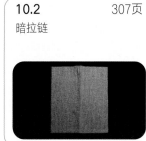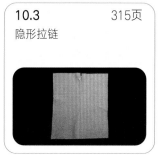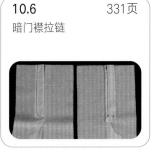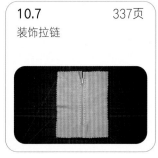

本书内容构成

您会在整本书中找到用绿色突出表示的有效提示框

每节课都从一系列学习目标开始，详细说明您将要培养形成的关键技能

这里列出了完成项目所需的织物和工具

在每一章的末尾，您会找到一份自我评估清单，以此来衡量您的进步

本课程由关键阶段或模块共同组成

本书将按照图片顺序指导您循序渐进地完成每个模块

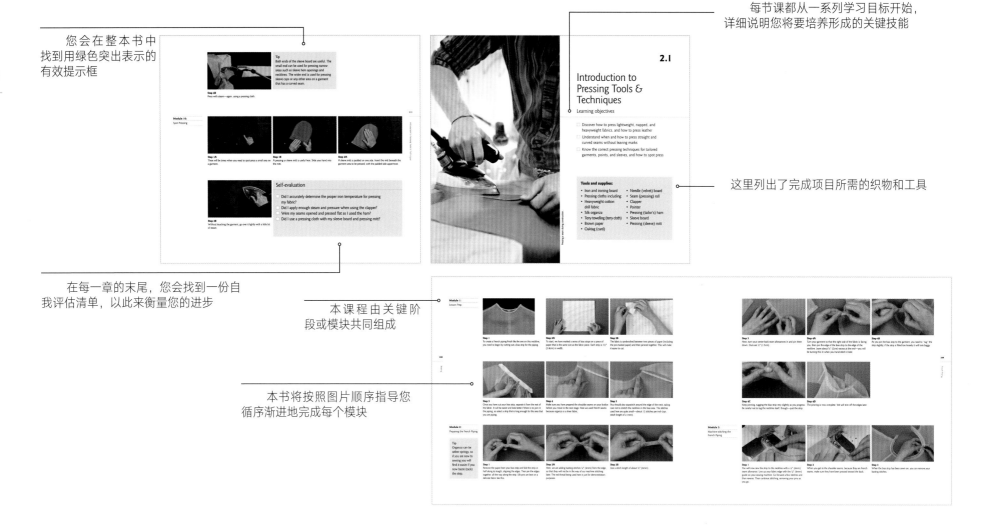

前言

设计过程以完成样衣缝制为终点。设计师通过了解行业规范的缝纫技术，就能够缝制出外观专业、美观的服装。本书介绍缝纫针、线、纽扣和手缝线迹的类型等内容，并介绍了缝制时针对不同的织物选择恰当的缝线及其他一些处理方式。

服装行业经验丰富的缝纫工必须熟知熨烫工具，掌握熨烫技巧，因此在学习制作服装时，掌握如何熨烫服装是非常重要的。了解针织物拉伸比，以及如何选用缝合针织物的缝线、确定下摆和领口的缝制方法，掌握针织物的缝纫过程，让缝制变得浅显易懂。

理解服装需要拼接、增加内衬、底衬和里料的部位和原因，并了解各种类型辅料及其应用方法，这是自制服装和专业缝制服装的要求。

学习使用斜裁滚边使得颈部和袖窿镶边起到修饰效果，同时学习如何缝制不同的口袋和拉链，为设计师提供了更多必要的技能，从而使他们的设计充满活力。

随着科技不断冲击并影响时尚产业，时尚教育领域出现了新的范式和策略。2008年，时尚大学（UoF）确定了互联网教学占主导地位的定位，从而满足求学者的学习需求。在关键设计学科上建立了一个有数百门课程的在线视频库，为有理想和抱负的设计师、服装专业的大学生、家庭缝纫工、寻求技能提升的行业专业人士，以及服装爱好者们提供了传授时装设计教学的完美工具。为了进一步加强这种学习，UoF与劳伦斯·金出版单位合作，出版发行了《高级服装缝制工艺》、《高级服装立体裁剪》，以及《高级服装制版》这三本书。这些书都是相互独立的，内容按照视频顺序逐步排列，它们可以与视频一起使用，以营造终极学习体验。

我们祝您在缝纫学习上一切顺利，取得圆满成功。

弗朗西斯卡·斯特拉奇

缝制概论

缝制是指用手工或机器缝制服装的过程。在服装行业中，服装设计完成后，首先采用立体裁剪或者平面制版的方式得到服装样版，然后用坯布缝制试身样衣，接下来再进行真人试身，最后评估试身样衣是否合体。在试身过程中，如果试身样衣做过调整，则需要对样版进行相应的修正，然后再用准备好的面料缝制一件完整的服装。只要是在服装进入生产阶段之前，如果还需要对样版进一步修正，仍可以再制作样衣进行试身，直到满意为止。

了解缝制过程有助于你成为一名更好的服装设计师；它会让你明白哪些设计可以实现，哪些不能实现。熟悉缝制技术的设计师通常也可能会受到缝制技术的启发。学习如何缝制，并了解相关的缝制工具和设备，将提升缝制和剪裁技巧，让你具备专业能力，能够与样衣缝纫师、工艺师和缝制加工厂进行更有效地沟通。

最古老的缝制形式

缝制可以追溯到旧石器时代，史前人类用骨头雕刻成针，将动物皮缝合在一起制成身体覆盖物，这是最早的服装形式。由于动物皮较厚，他们便发明了一种保护手指的工具，在推动骨针穿过皮毛的过程中起到协助作用，这便诞生了顶针。他们使用动物肌腱（一种连接肌肉和骨骼的纤维组织）作为缝纫线，或者用动物皮的细条把衣服各个部分的碎片系在一起。随着人类学会使用金属，制作针的材料也逐渐发生了变化，由最初的铜、青铜到后来的铁。到中世纪时，欧洲开始生产钢针。但是很难相信，直到1755年，才授予了第一项带眼的手缝针的专利。

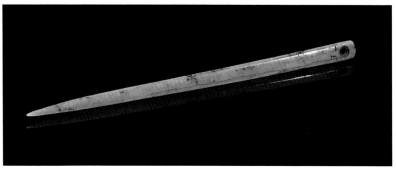

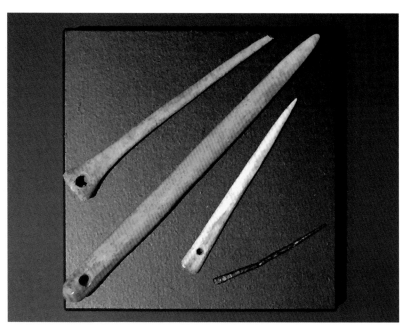

上图和右图：骨针

右图：Elias Howe版本的平缝机，1846年获得专利

右下图：一则针对国内市场的早期胜家缝纫机的广告

工业革命

服装生产最重大的变化来自于工业革命。英国的革新使棉花得以大规模地生产，1793年美国人伊莱·惠特尼发明了轧棉机，实现了将种子与棉花的自动分离，从而大大降低了棉花的生产成本。

大规模高效生产纺织品与新型工业化服装制造系统齐头并进。在这之前，服装都是通过手工制作的，根据设计的复杂程度，有时一件衣服需要花几周的时间才能制作完成。现在，服装生产可以实现工业批量化生产，许多机器的发明改变了服装工业生产和家庭生产的过程。

缝纫机

在卷尺发明了10年之后的1830年，法国人巴特莱米·蒂蒙尼尔发明了缝纫机。然而，迫于裁缝行会的压力，当时并没有得到推广。1833年，美国人沃尔特·亨特发明了一种平缝缝纫机；1845年，美国人埃利亚斯·豪对其进行了完善并获得专利。

尽管这台机器只能缝合直线，但与手工缝纫相比，大大缩短了缝纫时间。随后，在1850年，另一位美国人艾萨克·梅里特·辛格在此基础上进行改进，通过脚踏板来操作针对运动过程，这使得双手得到了解放，因此大大缩短了缝制时间同时也可以缝合曲线接缝。1889年，辛格发明了第一台电动缝纫机。到20世纪30年代，工厂和家庭已从使用脚踏缝纫机转变为电动缝纫机，并最终配备了附件使其具有特殊功能。

胜家于1978年推出了第一台计算机控制的缝纫机，此后不久，来自欧洲和亚洲制造商Bernina、Brother、Juki、Necchi和Pfaff等家用缝纫机开始涌入市场。

如今，家用缝纫机的功能远远不只是平缝，它还可以进行曲折缝、刺绣、卷边缝（包缝）以及锁扣眼，还可以通过编程使其具有自动缝纫和剪线等功能。

生产制造系统

从19世纪开始，随着第一代电动缝纫机的问世，工厂雇佣工人缝制服装的某一特定工序。事实证明，这是一种比让缝纫工缝制整件服装效率更高的生产模式。

在20世纪70年代，日本开发了一种称为准时制（JIT）的新制造系统（在西方，它也被称为丰田生产系统（TPS）），其目标是提高效率和加快反应时间。除这些创新外，该系统将服装缝制过程分为模块，而不是将其划分为最小的组件。

操作人员在排列布置成U形线的缝制设备上工作，然后将服装从一台缝制设备移到下一台缝制设备。这样带来的好处很多：所需的操作员更少；该组中的所有操作人员均应对其生产线中生产的每件产品的质量负责，从而提高了质量；与轮班时坐着缝纫相比，操作人员的疲劳程度要轻一些；而且生产

右图：一台1964年生产的胜家电动缝纫机

最右图：一家现代服装厂

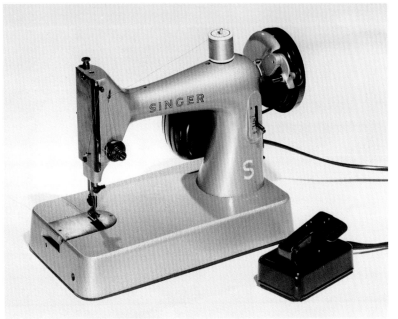

率也有了大幅度的提高。

未来的制衣厂将大幅增加机器人缝纫机的使用。如今，它已经在我们服装基础缝纫过程中被使用。

行业标准

工业革命还推动了大规模生产成衣的标准化尺寸系统。在美国，采集测量南北战争士兵的体型数据有助于男性成衣尺寸标准化，而在1863年，巴特里克纸样公司为女性尺寸标准申请了专利。成立于1898年的美国材料试验协会（现为ASTM国际标准）于1941年开始发布标准，不久后成为了通用标准。这些标准包括机械标准、线的类型、尺码和分类，以及服装尺寸和测量标准。

服装制作

女装裁缝指的是专门为女性制作衣服的人。最初，她们是根据客户的尺寸制作服装。到19世纪中期，查尔斯·弗雷德里克·沃思在巴黎创立了第一家"时装屋"，从此，"女装裁缝"一词就有了新的含义；现在，设计师做设计，裁缝做缝纫。

高定服装工作室是设计师设计、制作服装样品和小批量生产的地方。服装制作过程由熟练工人监督，通常是工作室的负责人，总监助理、裁缝和学徒负责将设计转换为立体形式。技术娴熟的缝纫工分为两类：一类缝制连衣裙和礼服，另一类缝制夹克和西装。缝纫机和熨斗主要用于完成接缝、钉纽扣、锁扣眼、做褶皱、绱拉链和刺绣，这些工序都是由制作工人完成。高级定制服装可能需要三到十次试穿修正，根据服装制作的不同，可能需要100到1000个小时不等。如今，高级定制服装每件的价格在15000美元到150000美元之间，价格取决于面料、珠饰、刺绣和其他细节的情况。

15

安东尼·辛克莱为肖恩·康纳利量身定做，安东尼·辛克莱是筒状裁剪方法的创造人

对于成衣和所有批量生产的服装，各公司的生产流程有所不同，主要取决于公司的经营模式，以及他们是否拥有设计室，是否在国外制造样衣。设计室运营费用较高，因为它需要雇用一个或多个制版师或样衣工。另一种选择是聘请技术人员来制作"技术包（指服装业制作服装的规格尺寸书）"，即由计算机生成的设计稿，然后将其发送到工厂制成样衣。

定制服务

在中世纪形成的协会中，出现了一群精英裁缝，大多数是男性，但他们受管于高级定制协会。一些协会极具权威性，特别值得一提的是法国裁缝协会。到1740年，随着专业裁缝师开始在萨维尔街及其周围的科克街、圣詹姆斯街和杰米街开设店铺，以吸引英国绅士，由此量体裁衣或量身定制在伦敦变得流行起来。博·布鲁梅尔是穿着讲究的男人的典型代表，他光顾这些商店，最终使英国裁缝家喻户晓。

萨维尔街因男装定制中心而闻名，但也可以满足女性的需求。在几周的定制时间里，包括至少50个小时的手工裁剪，一系列服装部件的装配，每件衣服都经过连续的生产阶段，客户可以见证自己的衣服是如何进行制作的，获得真实的定制体验。在20世纪60年代末，披头士乐队再次使这条街声名远扬，当时萨维尔街纳特乐队的汤米·纳特为他们的Abbey Road专辑封面制作了西装（乔治·哈里森除外）。纳特的其他名人客户还包括比安卡、米克·贾格尔和埃尔顿·约翰，而另一位定制裁缝师傅安东尼·辛克莱，因在肖恩·康纳的第一部电影中为詹姆斯·邦德利定制的服装运用了筒状裁剪方法而出名。

20世纪90年代至21世纪初经历了一场"新定制运动"，像亚历山大·麦昆这样的新设计师（曾在萨维尔街的安德森与谢泼德和吉维斯与霍克斯当学徒）和奥兹瓦尔德·博阿滕（在汤米·纳特的帮助下开始了自己的职业生涯）将剪裁技术融入了他们的女士成衣系列中。

作为设计师的女裁缝

尽管设计师的主要任务是设计，但许多过去和现在的设计师都已经意识到，要想自己的设计作品脱颖而出，他们必须"动手"。珍妮·帕奎因最初是法国迈森·鲁夫公司的一名女裁缝。1891年，她与商人丈夫伊西多尔·雷内·雅各布共同创立了帕奎恩品牌，逐渐发展成当时最大的国际高级时装屋之一。

设计师玛德琳·维奥内特12岁时开始了她的职业生涯，当时她跟随布尔盖伊夫人做学徒，这为她创造出时至今日仍被公认是缝纫奇迹的杰作奠定了基础。意大利设计师尼娜·里奇在25岁加入梅森·拉芬，在此之前，也就是在她很小的时候就开始了自己的裁缝学徒生涯，最终在1932年她49岁时开了属于自己的时装店。

克里斯托弗·巴黎世家加是一个致力于手工工艺的人。他会亲自修改一个已经完成并获得批准的设计，直到看不到结构的接缝，这也是为什么他被称为"大师"的原因。他的学徒制也吸引了几位后来成为著名设计师的人，包括安德烈·库雷日、休伯特·德纪梵希、奥斯卡·德拉伦塔、伊曼纽尔·恩加罗在内的设计师，他们对服装结构的尊重在他们设计过程中是显而易见的。

许多设计师的灵感来自于她们做裁缝的母亲。例如，西班牙出生的设计师帕科·拉班的母亲在巴黎世家做裁缝；詹尼和多纳泰拉·范思哲的母亲弗朗西丝卡是一个自己开店的裁缝；艾伯塔·费雷蒂的母亲是一名成功的裁缝师，拥有一家多达18名裁缝的工作室。

可可·香奈儿

可可·香奈儿幼年时被安置在孤儿院，修女们教她缝纫。虽然她最初是一名女帽设计师，但香奈儿最终成为有史以来最成功的设计师之一，很大程度上是由于她对服装结构细节的关注。也许在时尚史上，没有其他服装比标志性的"香奈儿外套"更受关注了。

这款"香奈儿外套"是由苏格兰林顿织布厂专门定制的松织粗花呢制成的。如今，这种布料由莱萨奇家族生产。

香奈儿外套因多项剪裁创新而著称：前片和后片采用公主线的结构使得服装更合身；服装外面和衬里都有超宽的缝份余量，便于修改；将丝绸里料直接绗缝在面料上（无衬布），这有助于保持外套的外形，同时防止织物变松或变形，还便于直接剪裁；然后再通过加热和加湿定型，以便在格子布和其他花纹织物上水平和垂直匹配接缝。香奈儿外套的袖子也是服装制作上的奇迹，首先是三片袖的结构，这样的袖子更合体，自然的曲线符合人体的手臂形状。袖扣在前面开口，而不是在后面，就像男装夹克袖子一样（例图中袖子最初设计为四分之三的长度，以便可以看到穿着者手腕上的首饰）。外套还配有一根链条，沿着下摆手工缝制，使其平稳地挂在身上，帮助平衡外套上厚重的扣子，并增加夹克的重量。

其他细节包括手工缝制的贴袋、正面的手工扣眼和里面的用扣子固定，以获得更简洁的外观。香奈儿外套使用昂贵的纽扣和装饰物，例如编织、流苏和缎带饰边，用手工将它们缝制在外套、袖子和口袋的边缘。

1997年，卡尔·拉格斐成立了一家名为Paraffection的子公司（简称"为爱"），目的是保护一些独立工作室所提供的手工技术。这些专业工作室是香奈儿以及许多其他高级时装店的长久供应商，但也有面临倒闭的危险。在随后的几年中，香奈儿依次收购了多家工作室，包括Lesage（专业刺绣）、Desrues（首饰和纽扣）、Guillet（布艺花朵）、Maison Michel（女帽）、Lemarié（羽毛和花朵）、Robert Goossens（金银匠）和Massaro（制鞋）。一年一度的Métiers d'Art发布会是专门为展示这些大师级的工匠作品而设计的。

学习如何缝制

在学习如何缝制时，首先应熟悉要使用的不同工具。其中最基本的是手缝针和大头针。为一个特定的工序选择正确的手缝针和大头针将意味着可以制作出一件看起来很专业的服装。除此之外，还需要知道如何使用顶针和针插。不是所有线都是一样的，选择错误的线也会导致接缝出现皱褶，或在洗涤或干洗衣服时带来问题。

缝纫时对服装进行熨烫是完善服装结构的黄金法则之一。用熨烫工具进行专业的熨烫将使服装看起来更加有型。

要真正了解服装的设计和功能，需要对构成服装的部件有充分的了解，例如何时何处使用面衬、底衬、衬布和衬里。

还需要掌握在不同的服装上选择和应用紧固件的技巧，包括选择纽扣与扣眼还是拉链，以及在不同的情况下如何使用恰当的设备来达到理想的效果。

如果具有制作各种接缝和缝边的技能，那么对于服装的制作将会锦上添花，应该选择最适合你的工艺和不同厚度织物的接缝方式。

本书将引导你完成一系列课程，以期建立完整的有关服装制作所需要的实用知识体系。你将学习到手工缝纫和机器缝纫技术，并建立一个综合的技能系统，以便可以在各种服装和多种织物类型上使用这些技能。

基础知识

如果还不熟悉缝纫，首先要做的就是研究并购买一台缝纫机。有许多不同的型号可以选择，我们建议在购买前尝试先试用一些缝纫机。缝纫机的价格取决于以下几个因素，包括是否具有锁扣眼和刺绣等功能，以及是否已计算机化。计算机化的缝纫机具有更多功能，初学者可能会发现工业缝纫机并不那么令人生畏，更易于使用。可以根据你的支付能力和想达到的缝制要求来选择缝纫机。

然后，再了解一些小工具。因此，本书从基础知识的概述开始，对手缝针、大头针、顶针和针插进行详细介绍，这些在整个缝纫过程中将被反复提及。它包含不同的工艺过程需要用到的针和大头针类型的详细信息，包括手缝针、缝纫机针，以及用于丝绸面料、针织品和介于两者之间的所有的特定专用针。你还将学习机针和大头针的结构，以及穿针的方法和技巧。阅读家用或工业用缝纫机针的说明可能会有些困惑；我们将分门别类地进行讲述，以便于能够为不同工序选择最佳的针。为了减轻手工缝制的痛苦，将讲授有关顶针的类型，以及为什么和何时使用它们。没有缝纫工、立裁师，或制版师和不同类型针插的工作室不是完整的，因此，我们将在这里介绍你需要了解的内容。

与选择正确的针一样重要的是选择正确的线。我们在后面的章节中将探讨线是由什么制成的，以及股线、包芯纱线、复丝和单丝线之间的区别。还将学习蓬体纱、花色纱线的用途以及何时使用弹力线。尽管大多数初学者从未考虑过线的重量，如果使用对织物来说太重的线会给接缝带来诸多问题。反之亦然，在厚重的织物上使用轻薄的线会导致接缝开裂。选择线需要考虑某些因素，但我们将提供一个线轴尺寸表，以帮助你对线的选择。本课程中涉及的其他重要内容包括：线可以实现的效果，如何在缝纫机主轴上放置线轴，以及如何根据需要选择正确的线的颜色。

还将会学习到手工缝合技巧，包括打线丁（固缝），打线丁可代替描图纸和描图滚轮将接缝线和其他引导线转移到昂贵或精致的织物上。当将衣服临时缝在一起进行试穿时，也可以使用假缝缝合工艺。还将学习多种缝线和包边针迹，包括包缝、缲缝、绷三角针法、双包缝和暗缝。套结是另一种手工缝法，在为纽扣、钩子和鞋带制作时会经常使用到，而法式线襻或线圈非常适合将皮带或衬里固定在适当的位置。为了给衣服增添装饰感，我们还将会学习如何缝制挑针和锁缝针迹。所有这些针法都将在本书后面的课程中使用。

熨烫工具和技巧

初学者犯的最大错误之一，就是忽略了在整个缝制过程中进行熨烫。这一步的重要性不可小觑，因此在本章中，我们将演示如何熨烫各种面料，从轻质面料到厚重的面料，起绒面料，甚至皮革，这些都必须小心处理，以免损坏面料。还将学习正确的熨烫方法来熨烫曲线、袖子和其他特殊处理部位，使你制作的服装趋于完美。

面衬、底衬、衬布和衬里

从一件衣服的外观上看，人们永远不会知道衣服内部还会存在一层或多层其他材料，即面衬，底衬，衬布和衬里。这些材料对服装的外观和耐用性起着重要的作用。面衬有机织和非织造两种选择，可以缝制也可以熨烫黏合，为服装的关键部位提供造型、结构的稳定性。从最轻的面衬到厚重的厚帆布和硬质棉布，本课程将提供每个课程中所需的最佳的衬料选择知识。

隐藏其中的还有底衬，它是用于服装面料底面的一层材料。与衬料一样，也有多个种类可供选择，因此在该部分将会学习如何根据织物的重量选择底衬，以及如何正确使用底衬。

填充层附着在衬里上以增加保暖性，本书将讨论各种可用的材料，将羽绒填充物、羽毛填充物绗缝或者填充到衣服内胆中。

最后，将会学习衬里在服装结构中的作用，以及如何使用、如何选择衬里。

缝份的处理

关于缝份的处理分为两个基本类别：一种是适用于轻薄织物（例如欧根纱、薄纱、雪纺和乔其纱），另一种是适用于中等克重的织物（棉、亚麻、羊毛或混纺织物）。

轻薄织物

对于轻薄织物，将学习四种不同工艺的缝制方法：单线缝、双线缝、来去缝和假来去缝。每种接缝选择都有其自身的优势。例如，对于完全透明的裙子和连衣裙，在接缝处没有受力的情况下，单线缝是一个不错的选择，而对于承受中等受力的接缝，双线缝则是更好的选择。由于其整洁平整的外观效果可以很好地用于任何轻质织物的接缝上，来去缝在薄纱织物上特别受欢迎。假来去缝与来去缝相似，但步骤更少。

中等克重的织物

适合中等克重织物的接缝工艺，首先讲解牛仔裤上的典型平缝工艺。接下来将演示如何通过港式缝实现量身定制的外观，该接缝虽然受力强度大，但对于无里子的夹克或为服装增加附加值时非常有用。使用不易脱丝的面料时，另一个常用的接缝是锯齿状和开式缝。这可能是最流行的缝型工艺，包缝和开式缝都需要使用包缝机。除了这些基本的缝合工艺，还将学习几种装饰线：双面缝线，用于双面羊毛服装边缘和接缝；嵌条缝，提供有效的设计元素；搭接缝线，通常用于不易磨损的织物，以及皮革、绒面革、聚氯乙烯塑料和人造皮革中。

缝边边缘的处理

在服装制作过程中，选择正确的缝边边缘的缝制工艺对于服装外观起着关键作用。错误的缝边边缘的处理会降低服装的美观性，并可能导致缝边边缘起皱。为服装选择合适的缝边时，必须学会评估面料的性能，以便选择最合适缝边边缘的工艺。

轻薄织物

当使用轻薄的织物时，根据服装的设计，有以下几种缝合边缘的方式可以使用。例如，在高级时装中，轻薄的缝边边缘是通过手工卷边来完成缝制的。然而，最经济的卷边是用缝纫机的卷边压脚来完成窄卷边的缝制，如果没有机器卷边压脚的情况下，用手工完成缝边边缘的缝制。其他的缝边边缘可以添加有趣的装饰元素。在本章中，我们将探索其中的三种——在缝边边缘添加荷叶边装饰以增加服装造型；在织带的内侧或外侧添加一条缎带，以形成整洁、干净的缝边边缘；宽大的缝边边缘，通过折叠缝边边缘处的面料，产生简单的设计细节。

中等克重的织物

对于中等克重的织物，大多数成衣的缝边边缘是通过滚边完成的，或者是锁边，所以我们将展示这两种技术。此外，为了打造更精美的手工造型，我们将展示如何完成港式折边，即用内衬或轻质透明硬纱的折边固定。一个稍有变化的缝制方式是锯齿状或褶边处理，但是这种整理方式不适用于容易脱丝的面料。

纽扣和扣眼

选择纽扣看起来非常容易，但是需要花一些时间考虑纽扣的大小、形状和材质，这样才可能使设计达到与众不同的效果。标志性纽扣或扣眼甚至可以成为设计师的标志。仅纽扣的位置便可以使你的设计从其他的设计中脱颖而出。如果对纽扣和扣眼的重要性有任何疑问，可以进行对比测试。将纽扣的颜色与服装面料相匹配，然后将其取下，换上一套对比色的纽扣，将立即看到对比效果。做扣眼时使用不同颜色的线进行对比，其方法也是一样。

接下来将会了解到有关纽扣的所有信息，包括形状、大小和结构。还将介绍纽扣位置的规则，其中包括将纽扣设计为水平放置还是垂直放置，以及男女服装之间的区别。还将会了解扣眼的大小尺寸，应该选择的形状，以及可以用来制作扣眼的线的类型。

手工缝制纽扣

手工缝制纽扣似乎是所有缝制中最简单的任务，但学习正确的缝制纽扣的方法还是必须的。我们将展示如何缝制四孔纽扣（具有不同针迹配置）和工字钮（有柄纽扣）。

机器锁眼

本章的最后一课将演示如何缝制两种基本类型的扣眼：平头扣眼和凤尾扣眼。将按照循序渐进的方法来学习如何使用机器附带的缝扣眼压脚工具，该方法能确保每次都能做到整洁的外观。

针织物

针织物与梭织物的性能完全不同，因此需要充分了解针织物的固有特性，以便在缝制时能适应这些特性。当你充分掌握了针织物的编织方法，缝制过程就会变得很容易。

每种针织物都有其自己的结构，因此在本章开始时，将学习纬编和经编之间的差异，以及每个类别中的编织类型，并将了解平针织物、单面织物和双面织物，双罗纹和罗纹，以及不同类型的经编，例如特里科经编和拉舍尔经编。针织物可以由多种纤维制成，例如棉、聚酯纤维、羊毛和各种纤维的混纺。

然后，将继续学习"针织面料结构"的课程。在本课程中，将学习针织物的四个关键性能：弹性、回复率、重量和回缩。本课程不仅将说明单向、双向和四面弹力织物的区别，而且还将在人台上演示不同种面料，以便更好地了解"拉伸比"，并将了解选择正确的针织面料对设计、纸样制作和缝纫过程的重要性。

由于针织物具有弹性，某些接缝和缝边的缝制需要进行特殊处理。我们将演示实现这些缝制所涉及的方法。还将学习到不同的领口缝制方法，以便能够为针织服装增添一种专业感。

包边和细肩带

对于领口、袖口、袖窿和腰带的缝制，或者是服装上任何需要处理的边缘，都可以有多种缝制方式。在本章中，我们将演示几种可以使用的缝制方式，通过使用斜裁的布条、缝边线迹、暗缝和漏落缝的方法，达到整洁干净的边缘外观。你也可以比较在缝纫机上的缝制和手工缝制的过程。后者速度较慢，但比较容易控制。除了这些之外，还将学习如何缝制法式滚边，该滚边通常用于在透明且轻薄的织物上修整边缘。细肩带内容演示了做一个薄的斜裁肩带并将其内翻，以形成裙子肩带的过程，但这个方法还有其他用途，也可以尝试使用这种方法来做腰带、饰件，甚至可以做盘扣条。

口袋

虽然裁剪技巧通常是在具有中级缝制水平后教授的，但单贴边和双贴边口袋课程非常简单，初学者就可以接受并取得很好的效果。这些口袋可以垂直或水平放置，并且在实践练习中，也可以斜着放置在衣服上。贴边可以用大身面料、对比色织物或对比色制成。单贴边和双贴边口袋可以在夹克、连衣裙、外套和裤子上使用。而且，一旦掌握了这些知识，你可以将其运用在其他服装中，学以致用。

缝制拉链

许多初学者会避免在自己的衣服上缝拉链。学习有关拉链课程的内容后肯定会改变这种想法。在缝制拉链之前先练习假缝，直到你掌握了缝制拉链的技巧，这些循序渐进的课程会让你在缝制过程中消除很多顾虑。建议在开始之前，使用压烫衬或缝入嵌条加固拉链区域，以稳定服装的开口部位。

我们将演示如何缝制最常见的拉链：居中拉链、暗拉链和隐形拉链。我们将会讲到，把暗拉链缝合到带有挂面的服装上，专业的缝纫机操作人员会使用的一种特殊方法。我们还将教你如何缝制明拉链，通常用于外套，或需要带来视觉冲击力的上装和裤子的前门襟上。最后的拉链课程是带有装饰的手工拉链。将展示如何使用珠式线迹缝合拉链，同时在拉链开口处添加一排装饰珠。这种方法非常适合于需要装饰的晚礼服上，或者用于处理易被压脚损坏的精致织物。

缝纫工具

缝制所需的工具包括各种各样的手缝针、线、顶针、蜂蜡和针插。还需要几种不同类型的剪刀：织物剪刀、纱剪和花齿剪，以及普通剪刀和拆线器，以拆除不必要的缝合线。

如前所述，本书将使用缝纫机缝制多种工序。尽管我们在课程中使用了不同的人台，但是可以根据预算和用途选择其中一种来购买。除了机器配备的常规压脚之外，还需要左、右两侧的单边压脚以及一个隐形拉链压脚。缝纫机的量规可以帮助你在缝制时调整缝边距。

要制作细肩带，还需要一个翻纽襻条器。除了大头针，还需要细大头针，以配合与薄纱和精细面料的工作。在缝制过程中，熨烫衣物是至关重要的，需要熨斗和烫衣板，以及其他各种工具，例如烫袖板、熨烫布、袖烫垫、拱形烫木、熨烫手套，对于绒毛织物，还需要一块天鹅绒板。在织物上作标记时，你需要画粉、一支2HB铅笔、一支白色铅笔和不同类型的尺子。手工缝制时需要使用条纹带和6mm宽的胶带。为了保护桌子表面，还需要使用到切割垫。下面清单中列出的设备应能满足你的大部分需求。

缝纫工具清单

□ 切割垫
□ 缝纫机
□ 单边压脚：右侧单边压脚，左侧单边压脚，
　　隐形拉链压脚
□ 手工缝纫针：小号的手缝针，尺寸8、9、10、12号
□ 手工缝纫针：绗缝/夹缝，10号
□ 绣花针，1号
□ 珠饰针，10、12号
□ 蜂蜡或线
□ 裁缝针
□ 细大头针
□ 拆线器
□ 翻纽襻条器
□ 缝纫定规
□ 30.5cm的透明塑料尺

□ 46cm的透明塑料尺
□ 2.5cm×15cm的透明塑料尺
□ 纱剪（有着锋利的尖）
□ 23cm长的织物剪
□ 花齿剪
□ 钳子
□ 划粉
□ 白色铅笔
□ 2HB铅笔
□ 手缝针穿线器
□ 指针
□ 开口顶针
□ 常规顶针
□ 珍珠棉线
□ 六股棉绣花线

□ 棉线
□ 丝线
□ 扣眼捻线
□ 条纹胶带
□ 透明胶带
□ 6mm宽的胶带
□ 垫布
□ 熨斗和熨衣板
□ 烫袖板
□ 袖烫垫
□ 熨烫手套
□ 天鹅绒（针）板
□ 拱形烫木

第1章

手工缝制

正所谓"工欲善其事，必先利其器"，可见工具的重要性。首先需要了解的是有关手缝针和缝纫机针、大头针、顶针和针插的所有信息。在随后的缝纫内容中，将会了解缝纫线的制作方法、尺寸和包装方式，以及如何为不同工序购买缝纫线的类型和数量。

手缝线迹从最关键的假缝线迹开始学起，几乎每个内容都会用到该针迹。这些技术包括用假缝或大头针将标记和引导线转移到织物上，避免不同质地的织物滑移，并使用垫和针固定衬的拼合部位。

其他特色的缝线可用于缝合接缝，固定贴花、缝边，完成下摆的缝制。我们提供了两种装饰性手工针迹（环针和挑针），可以使衣领和袖子的边缘更显精美。

针、大头针、顶针和针插概述

学习内容

☐ 了解手缝针的结构及不同手缝针的用途；

☐ 选择并使用合适的顶针以及了解其他缝纫辅助工具；

☐ 介绍针垫的主要类型；

☐ 了解不同的大头针及其尺寸和用途，以及何时使用每种类型的大头针；

☐ 掌握缝纫机针结构、不同针号的尺寸和分类表，以及在何种情况下使用何种类型的机针。

针的结构与粗细

所有的手缝针都具有相同的基本结构。顶部是针眼，是线能够从中穿过的孔。从针眼向下延伸到针尖，针尖就是针刺穿透织物的部分，针的直径描述了针的粗细程度。

手缝针有不同的长度和粗细。需要根据织物或材料的厚度进行选择。对于大多数针来说，其规则是：数字越大，针越短，针的直径越小。例如，尺寸为10号的针要比5号的针更短更细。此规则可追溯到19世纪初，这个规则的例外是珠针，数字仅表示针眼的大小，而不表示针的长度，因为珠针有不同的长度。

针眼，无论是小的、圆的、椭圆形的、中号的，还是大号的，都决定了穿过针眼的线的粗细。因此，线的粗细决定了针眼是否合适。例如，绣花针的针眼需要比串珠针的针眼大，而尖头针和中间针（或绗缝针）的针眼是圆的。有些针尖用18K的金或者镀金，这有助于针尖在织物中快速穿过，从而减轻手指的压力。

手缝针也有各种类型的针尖。根据缝合类型，可以选择一个非常尖锐的，或者是略微圆头的针尖，这种针的设计是为了避免在多次穿过珠时将线分开。圆头针的尖端呈圆形，适用于弹力机织和针织面料，它在织物线之间穿过而不是刺穿它们并形成一个孔。织锦针的针头较钝，可以使针头这穿过材料而不会损坏针头。缝制过程中避免使用针尖损坏的针，这是非常重要的。

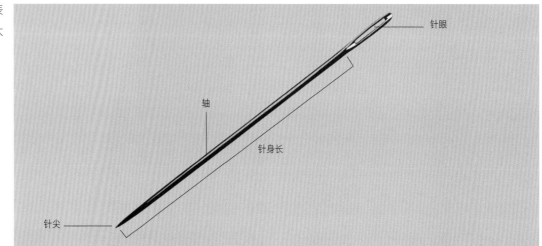

自动穿针

很多人在穿针时都有困难，尤其是当针眼很小的时候，这就是为什么要用自动穿线针的原因。线可以从针的顶部或侧面穿入。线从顶端穿过的叫做花萼眼针，从侧面穿过去的叫做螺旋眼针。然而，当使用精细织物时，不推荐使用自动穿线针。

也可以用穿针器来代替自动穿线针帮助穿线。

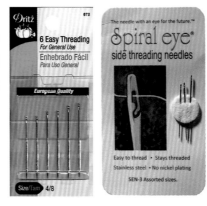

穿针器

穿针器有多种型号。只需将穿针器导线滑入针眼即可。然后将线穿过穿针器的金属丝口，然后用力将线拉出针眼。

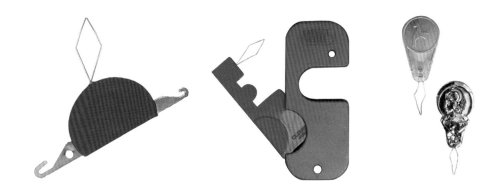

锋利的长针

锋利的长针是使用最为广泛的手缝针。他们有一个圆眼，并且如上所述，有一个尖锐的针尖，有1到12号可供选择。其中2、3和4号适用于中厚面料；而5到10号适用于轻至中厚织物面料，其中8和9号是该重量类别内的通用针；11号和12号最适合用于高级织物和细小而精致的针迹。

长针尺寸表

该图表列出了长针的针号、针长和直径。

针号	针长	直径
1	48.5mm	1.02mm
2、3	44mm	0.86mm
4、5	40mm	0.76mm
6、7	37mm	0.69mm
8、9	34mm	0.61mm
10	32.5mm	0.53mm
11	31mm	0.46mm
12	29.5mm	0.41mm

中间针/绗缝针

中间针，或称绗缝针，是具有圆形针眼的短针。由于尺寸的关系，它们在缝制时使用方便，主要用于绗缝和细部加工。定制服装，尤其是涉及到纳针，相关章节中将会讲述。它们的粗细有1到12号，也有镀金和镀铂，可以减少针穿过面料时的摩擦。

中间针/绗缝针尺寸表

此图表列出了中间针的针号、针长和直径。

针号	针长	直径
1	41mm	1.02mm
2、3	39mm	0.86mm
4、5	35mm	0.76mm
6、7	31.5mm	0.69mm
8、9	28.5mm	0.61mm
10	25.5mm	0.53mm
11	22.5mm	0.53mm
12	22.5 mm	0.41mm

串珠针

串珠针用于串珠，因此需要针足够细，才可以轻松地穿过珠子和亮片孔。它们的长度比长针更长，因此可以在针轴上安装多个珠子。串珠针有时用不锈钢制成，以提高耐用性和强度。这些针除了用于串珠之外，还可用于缝制精细织物。针尖略呈圆形，以避免在串珠时使织物纱线和线裂开。

串珠针的粗细分从10到15号，但这些数字与其他手缝针的含义不同，它并不表示针的长度；它仅表示针眼的直径。串珠针的针号有锋利、短、长或很长之分。

一般使用的串珠针是10号，适合穿11号珠子（珠子的大小取决于2.5cm内首尾相连排列的珠子数量）。但是，也可以使用稍短的串珠针，选择使用至少比珠子小一号的针，并考虑线穿过珠子的次数，因为线将占据珠子孔中的空间，需要规划好选用线和珠子的粗细。

对于精细的工作，请选择圆珠针。其他类型的串珠针包括弯曲针、弯针、大眼针（称为"大眼睛"）或可折叠的针，和带有绞线轴的针。英式珠针更灵活，往往也会更长一些，但长时间使用会发生弯曲。日本的串珠针较硬，可能会断裂，具体取决于面料本身。

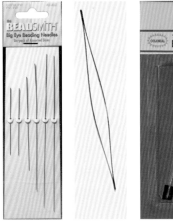
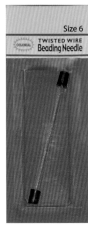

从左到右： 圆珠绣花针；大眼串珠针；可折叠的眼针；绞线串珠针；柔性双绞线串珠针；弯曲的串珠针

珠针尺寸表

此图表列出了珠针的针号、直径和针长，以及尖锐、短、长和超长的类型。

针号	针长	类型	直径
10	55mm		0.44mm
10	32mm	尖锐	0.44mm
10	37mm	短	0.53mm
10	51mm	长	0.53mm
10	116mm	超长	0.44mm
11	31mm	尖锐	0.43mm
11	53mm		0.38mm
12	29mm	尖锐	0.33mm
12	59mm	长	0.38mm
12	76mm	超长	0.38mm
12	51mm		0.33mm
13	49mm		0.03mm
15	45mm		0.25mm

绣花针和长眼绣花针

绣花针与长针相似，它们都具有锋利的尖端。但是，绣花针的椭圆形针眼较大，允许较粗的线（例如六股绣花线）穿过。长眼绣花针的针眼略长。它们也可用于缝制，但由于针眼较大，因此通常在需要较粗、较结实的线时才被使用，它们最常用于假缝、司麦克、绗缝和装饰性明线，或者是精纺羊毛、缎带和亚麻斜纹布的十字缝制。绣花针和长眼绣花针有1到10号可供选择。

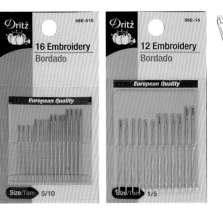

绣花针和长眼绣花针

圆珠针

圆珠针用于缝制弹力和针织面料。针的圆点不会使纤维断裂或拉伸变形，而是会在纤维之间通过，从而保持织物的完整性。有5到10号可选择使用。

手套针/皮针

手套针的三角形点使针更容易穿透皮革和类似皮革的材料。有1到12号可选择使用。手套针的长度和直径规格与长针的规格相同。

制帽针/疏缝针

制帽针是手工缝纫针中最长的，并且针眼圆小。它们用于收褶皱、司麦克、打褶、假缝和做女帽。它们还配有18K金，或者镀金或镀铂的针眼，这有助于它们顺利通过织物，从而减轻了手部压力。制帽针有3到11号可选择使用。

针状工具

穿绳带器是一种长而粗的针状工具，带有大而细长的针眼，有时带有圆珠状末端以防止其刺穿织物。它有平的、圆形的或有质感纹理的外观，用于光滑的织物，通常用于穿松紧带、缎带或条带穿过套管和花边开口。塑料穿线器是另一种可用于拉弹性线穿过套管的工具。

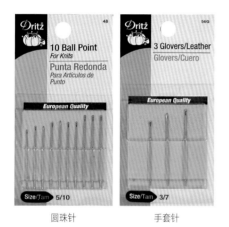

圆珠针　　　　手套针

制帽针/吸管疏缝针

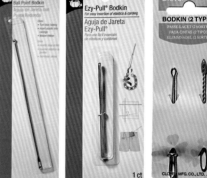

穿绳带器

穿线器

织针

织针头大，针尖钝。它们可用于在帆布或任何类型的平纹织物或其他松散编织的织物上的绣花。针尖允许针头穿过织物而不会损坏织物。大小范围从13（最粗）到28号（最细）。织针也可镀上金或镀铂。当织物被固定在绣架上时，使用双眼织针，更加方便。

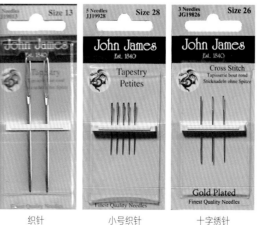

织针　　　　小号织针　　　　十字绣针

绒绣针尺寸表

此图表列出了绒绣针的号、针长和直径。

针号	针长	直径
13	69mm	2.34mm
14	58mm	2.03mm
16	52.5mm	1.63mm
18	48.5mm	1.27mm
20	44mm	1.09mm
22	40.5mm	0.94mm
24	37mm	0.76mm
26	34mm	0.61mm
28	32.5mm	0.53mm

大眼针

大眼针类似于织针，因为它们有细长的针眼，长度和直径相同。然而，与织针不同的是，大眼针有非常尖锐的尖端，因此它们可以穿透紧密编织的织物。它们用于绉纱和缎带刺绣，有13到26不同针号可选用。

贴花针

贴花针与长针类似，都有一个圆针眼，同样的直径和尖锐的针尖。由于这些针头主要用于贴花和补缀，因此只有9、10和12号可供选择，并且有一个镀金的针眼，以增加缝纫的便利性。

织补针尺寸表

这些图表列出了可用的各种织补针的针号，直径和针长。

短/棉织补针

针号	针长	直径
1	57.5mm	1.02mm
3	54mm	0.86mm
5	51mm	0.76mm
7	48mm	0.69mm
9	45mm	0.61mm

长织补针

针号	针长	直径
1	75mm	1.02mm
3	70mm	0.86mm
5	64mm	0.76mm
7	58mm	0.69mm
9	52mm	0.61mm

纱线织补针

针号	针长	直径
14	75mm	2.03mm
15	69mm	1.83mm
16	66mm	1.63mm
17	63mm	1.42mm
18	60mm	1.27mm

长织补针与短织补针

织补针有不同类型：短织补针（也称为棉花织补）、长织补针和纱线织补针。短织补针有长针眼，尖尖的针尖。它们用于修补，粗细为1到9号。长织补针同样也有尖锐的针尖，粗细为1至9号，直径与短织补针相同。但是，它们的区别在于长织补针的针眼特别长，且针更长。除了修补外，它们还可将多层织物缝合在一起。

纱线织补针

纱线织补针是最粗的织补针，有一个非常大的针眼，这样纱线就可以很轻松地穿过它。然而，这种类型的纱线织布针有一个钝的针尖。纱线织补针用于修补和缝合针织物和钩编物。有14到18针号可选用，也有的是塑料制成的针。

穿缝套垫针

穿缝套垫针是很长很重、具有尖锐针尖的针，可以是直的或弯曲的。它们用于缝制较厚的织物，装饰品、植绒和做被子。在使用直针不容易操作的情况下，可以使用穿缝套垫弯针。穿缝套垫直针为75～610mm，而穿缝套垫弯针的长为38～150mm。这些针有轻型和重型两种规格。

帆布针

帆布针类似于皮革针，但三角形点沿轴向上延伸得更长。这些针用于缝制厚帆布或厚皮革。

洋娃娃针

也许最长的针是娃娃针，针长75mm，针眼长，用于缝制洋娃娃、软雕塑和缝制室内装饰品。

穿缝套垫弯针　　　洋娃娃针

模块2：

顶针

顶针的历史

史前的人在制作身体覆盖物时，很可能就会使用某种拇指护罩，以便能够将骨针穿过动物的皮。已知最早的金属顶针可以追溯到中国的汉代，而罗马人可能在公元一世纪左右便使用青铜顶针。

顶针的类型

如今，根据要学习的课程，有几种不同类型的顶针。圆顶顶针、平顶顶针、带式的顶针，裁缝更喜欢带式的顶针。顶针由镀镍钢制成，其表面具有凹坑，可"抓紧"针头的末端，从而可以将针轻松地推入织物。一些顶针是镀镍和黄铜的混合制成的。

橡胶顶针

尽管金属顶针是最常见的，但许多缝纫工更喜欢橡胶的柔软性和柔韧性。橡胶顶针可能是凹入式顶部、半球形顶部，甚至带有开放式的设计，以提供更好的透气性。它具有橡胶主体和金属顶盖，也有可调节式的橡胶顶针，可以根据佩戴者的手指进行模压，防止佩戴者的指甲断裂。

皮革顶针

许多人发现皮革顶针比金属顶针使用起来更舒服，因为它们具有弹性。有以下几种类型，其中一种带有编织衬里，以提高手指活动时的灵活性。有些配有金属尖端。还有小型皮革顶针带和具有硬度的皮革顶针。当缝制很厚的材料时，皮革顶针是很好的选择。

其他类型的顶针

金属顶针也有其他形式，包括指尖式样和可调节式样。

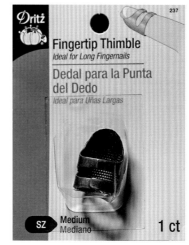

指尖顶针　　　　　　可调节顶针

纪念品顶针

自16世纪以来，人们已经将顶针作为纪念品收集起来了。贵金属顶针由银和银板、金、黄铜和锡制成，而其他纪念品顶针可以镶嵌宝石。更精美的顶针是用陶瓷、牛角，甚至彩绘制成的。

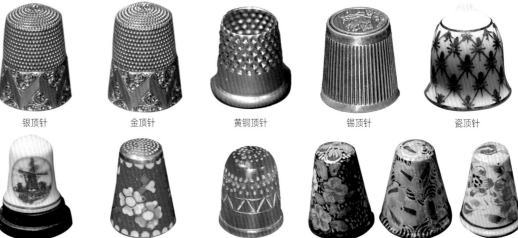

银顶针　　金顶针　　黄铜顶针　　锡顶针　　瓷顶针

瓷顶针　　景泰蓝顶针　　牛角顶针　　Papier-mâché 彩绘顶针

顶针尺码

尽管没有顶针的通用尺寸标准，但像这样的顶针规格却提供了一种指南，英制的尺码从4号到13号不等，公制的从13～20mm。

顶针尺码

如何佩戴顶针

要知道封闭式顶针佩戴得是否合适，中指的关节必须穿过顶针的开口，并轻轻触摸顶针的顶部。对于开顶式顶针，顶针不应太紧或太松。封闭的顶针佩戴在中指上，用顶针的顶部推动针刺穿织物。开放顶部的顶针在使用时，卷曲手指并使用顶针的侧面推动针穿入时，可以更轻松地操作织物。

手工缝纫辅助工具

虽然乳胶手指套无法像顶针一样帮助针顺利穿过织物，但乳胶手指套可以套在手指和拇指上，帮助针尖穿过织物，或者帮助引导织物穿过缝纫机。并在割伤或刺伤手指时，它将防止血液污染织物。顶针是一款用于缝纫时，套在手指上的产品，有助于帮助针尖穿过织物。另一款手工缝纫辅助产品是缝纫手套。

手指套　　顶针尖　　缝纫手套

番茄或草莓针插

针插用于在缝纫、立裁、试身和纸样制作过程中，更方便地使用大头针。针插在中世纪的维多利亚时代已经被使用，现在随处可见带有草莓装饰或番茄造型的针插。

针插的番茄部分最初用沙子、粗羊毛或木屑填充。现今通常用核桃壳或木屑磨碎填充。小草莓或西红柿造型的针插里面装满了金刚砂或金刚砂粉。当将大头针或大头针插入枕形的草莓部分时，它会清洁并磨尖针，使工作更快更轻松。如果选择自己制作针插，则可以在线购买金刚砂和核桃壳。

装饰针插

另外还有其他更具装饰性的针插，例如此处展示的具有中国图案的彩色针插。

磁性大头针支架和磁棒

另一种方便寻找大头针的方法是使用磁性大头针支架或杯子。为了收集掉落的针，磁针棒是理想的选择。

腕部针插

可以戴在手腕上的针插使用起来非常方便，尤其是在立裁时。两种流行的样式是带有磁性表带的腕带针插和磁性腕针磁铁。

木屑和金刚砂的填充物

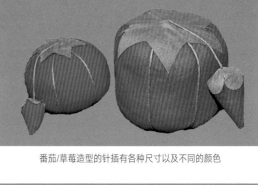

番茄/草莓造型的针插有各种尺寸以及不同的颜色

装饰针垫插

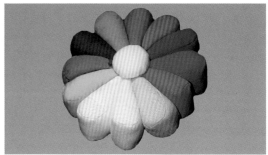

装饰针插

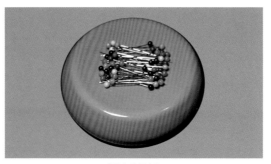

磁性大头针支架

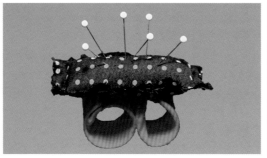

腕部针插

磁性针座

腕部磁铁

大头针

　　大头针是设计过程中的关键工具。无论是用于立裁，制图还是缝制，选择合适的大头针至关重要。最为普遍使用的直针由镀镍钢制成。镀镍防止钢针生锈，并提高耐磨性。金属可以黏在磁铁上，这对针掉落后收集时很有用。

　　大头针由针头、杆身和尖端组成。针头和尖端会有差异，轴的长度和厚度也会有所不同，因此在选择大头针时要考虑这些因素。

大头针质量

　　并非所有的大头针都以相同的方式制造。例如，郁金香广岛镀镍大头针经过了抛光处理产生了更好的效果。而英式大头针是由淬火和回火的镀镍钢制成的，这样的大头针比普通的针要贵很多。

针头

　　一般经典的大头针有一个钝点，称为"平头"，与大头针用相同的金属制成。平头大头针很受欢迎，因为它们可以用热熨斗熨烫。

　　带有圆形塑料头的大头针（也称为工艺针），由于其较大的头部而易于操作。圆头可以由塑料、珠光塑料、玻璃或金属制成，有各种长度和厚度。

镀镍大头针

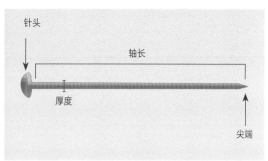

大头针结构

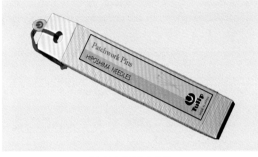

广岛郁金香镀镍大头针

多尔卡丝大头针

珠光工艺针

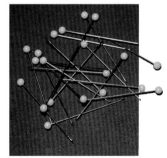

玻璃头工艺针

珠光工艺大头针

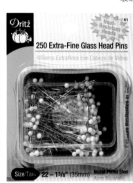

玻璃头工艺大头针

大头针尺寸表

图表列出了各种大头针的类别、型号、直径、长度和用途。最短的是8号针，长度为13mm。大头针的尺寸从最常用的17号针（27mm）到32号针（51mm）。手缝针的型号越大，针越细越短这一规则与大头针相反。

正确选择大头针

为缝纫工序选择正确的大头针就像选择面料和缝纫线一样重要。根据工序类型、面料的种类和重量选择大头针，如图"大头针尺寸表"可作为参考。请记住，圆头针应与针织品一起使用。选择大头针的直径也很重要，使用不合适的大头针会在织物上留下永久性的针孔。大头针的直径范围从0.4mm的拼布针到1.16mm的排针。确保大头针不会留下铁锈痕迹，或者用热熨斗接触时不会熔化。

大头针尺寸表

针	大头针类型	金属种类	型号	直径	长度	用途
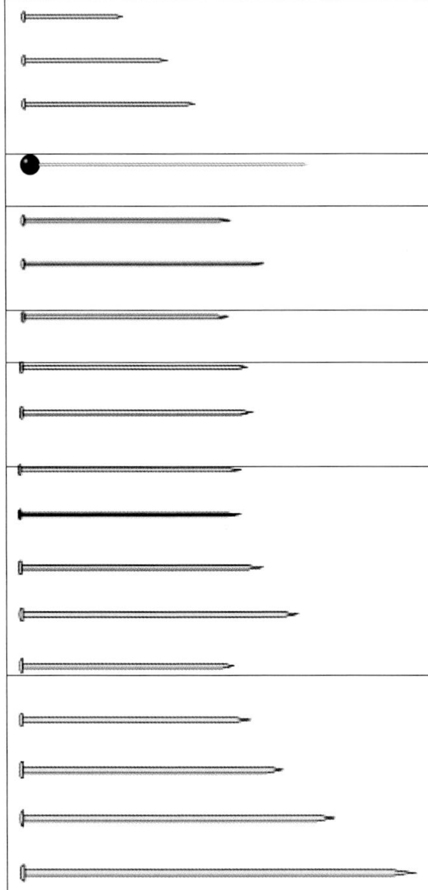	里尔	镀镍和镀金钢	8	0.5mm	13mm	亮片/串珠/工艺品
	打褶（特细）	镀镍钢	12	00.5mm	19mm	褶皱/绗缝/贴花
	珠（特大头）	镀镍钢	14	0.8mm	22mm	串珠/绗缝
	拼凑，拼贴	钢（通常有玻璃头）	30	0.4mm	38mm	薄纱/精致面料/绗缝
	绸缎（特细）	不锈钢	17	0.5mm	27mm	薄纱/丝绸/精致面料
	绸缎（特细）	镀镍钢	21	0.5mm	33mm	薄纱/丝绸/精致面料
	绸缎（细）	镀镍钢	17	0.7mm	27mm	轻巧精致面料
	真丝（细）	镀镍钢	17	0.7mm	27mm	薄纱/丝绸/精致面料
	丝	镀镍钢	20	0.8mm	31mm	丝绸/精致面料
	裁缝（中）	镀镍钢	17	0.7mm	27mm	中型面料
	裁缝（中）	黄铜	17	0.7mm	27mm	中型面料
	裁缝（中）	镀镍钢	20	0.8mm	31mm	轻至中等重量织物
	裁缝（中）	镀镍钢	24	0.9mm	38mm	厚重面料
	库（重）	镀镍钢	17	0.9mm	27mm	厚重面料
	库（重）	镀镍钢	20	0.9mm	31mm	厚重面料
	库（重）	镀镍钢	24	1.16mm	38mm	厚重面料
	库（重）	镀镍钢	28	1.16mm	44mm	厚重面料
	库（重）	镀镍钢	32	1.16mm	51mm	厚重面料

特殊造型的大头针

另一种类型的工艺针是装饰性平头大头针。使用平纹面料时这种大头针是一个不错的选择，因为大而平的头部可以防止它们在工作过程中丢失。

T形大头针的长度从25～50mm，比手缝针稍粗。它们用于缝和手工制作，长度50mm的长度用于将多层厚重面料固定在一起。

9字弯头针用于珠宝制作，但太软，不适用于服装制作。

叉形针又叫U形针，用于固定针织物和手工制作。

立裁大头针

用白坯布立裁时，最好的选择是用17号丝质大头针。

用透明面料、丝绸面料或者类似丝绸的面料做立裁，可以使用17号大头针、17号的超细缎子大头针、超细玻璃头大头针、20号超细尖头大头针或直径只有0.4mm的最细的拼接大头针。

用针织面料立裁时使用17号圆珠针。

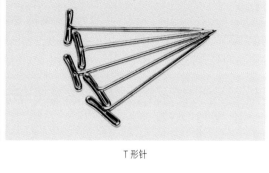

装饰性平头大头针

T 形针

开眼大头针

叉形针

裁缝的大头针

丝质大头针

超细缎面针

超细尖针

拼布大头针

圆珠针

图钉和别针

用于制版的图钉和别针的长度分别为12.7mm和19mm。缝纫时使用尺寸为19mm、25mm、38mm和50mm的别针。图钉长度及别针尺寸的选择取决于工序。

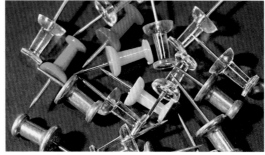

图钉

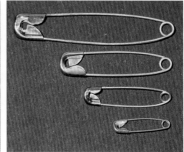

别针

缝纫机针结构

家用缝纫机针由以下几部分组成。针柄是针的顶部，用来插入机器中。杆身是指位于针柄下方的针的主体，凹槽是沿针的一侧向下延伸至针眼的缝隙。嵌接是针眼上方的凹口，在针与凹槽相对的一侧。长嵌接可以使梭芯钩更容易地绕线，从而有助于消除跳针现象。针眼是线穿过的孔，该点是针眼下方的针尖。针尖的形状是根据被缝面料的种类和所需的最佳缝合效果而设计的。

家用平缝机的针柄一侧是平的，而工业针柄则是圆的，且比家用针稍长。

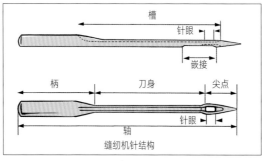

缝纫机针结构

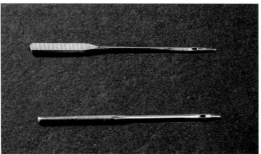

家用机针（上）和工业机针（下）

机针尺寸

根据服装类型和织物薄厚选择正确的机针，与选择面料、线、衬里和缝型同样重要。欧洲的公制体系针号，也被称为NM，其钉号从55到250，美式针号从6到27号。最为通用的尺码是60到110的欧洲尺寸，以及8到18号的美国尺寸。

机针尺寸表

此图表根据不同织物的克重选择合适的针号。

对于这两种体系的规律是：针号越小，针越细，因此适用缝制织物的重量越轻。针号越大，钉越粗，适用缝制织物的重量越重。

很多时候，在服装中使用的线也将决定针号的大小。例如，当使用细线时，一定要使用较小的针。

家用和工业用机针，都在其包装上列出了欧洲公制体系的针号和美式针号。

欧洲公制（NM）针号	美式针号	直径	布料薄厚
55	6	0.5mm	轻薄透明
60	7	0.6mm	轻薄透明
60	8	0.6mm	轻薄的
65	9	0.7mm	轻薄的
70	10	0.7mm	轻薄的
75	11	0.8mm	中等重量
80	12	0.8mm	中等重量
85	13	0.9mm	中等重量
90	14	0.9mm	中等重量
95	15	1.0mm	中等重量
100	16	1.0mm	厚重的
105	17	1.1mm	厚重的
110	18	1.1mm	重量级和皮革
120	19	1.2mm	重量级和皮革
125	20	1.2mm	超重量级的
130	21	1.3mm	超重量级的
140	22	1.4mm	超重量级的
160	23	1.7mm	超重量级的
180	24	1.8mm	超重量级的
200	25	2.1mm	极厚层
230	26	2.3mm	极厚层
250	27	2.5mm	极厚层

机针的类型

无论使用的是家用缝纫机还是工业缝纫机，或者不同的制造商生产的缝纫机，都需要知道缝纫机使用的是哪些类型的机针。缝纫机使用的是特定的针型和尺寸，如果使用错误的机针会损坏机器，因此在选择机针时，应该经常查阅缝纫机手册。

家用机针类型与工业机针类型

家用机针和工业机针除了外观上的差异，每种机针都有自己的标识类别或系统，以及这些针号可能因制造商而异。例如，在Schmetz家用机针的包装上，75/11的"通用"型平缝针被列为130/705H，而在Organ工业机针的针包装上，同样的尺寸被列为DBx1（见左下图）。因此，在为缝纫机缝制服装选择机针时，请务必检查机针制造商。

家用机针制造商的编号系统列在机针包上，如15x1H、130/705H、2020、H-E、HAx1等。为206x13设计的缝纫机中不能使用15x1的机针，如果使用，可能会严重损坏梭壳。再次检查机针系统的操作手册。

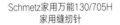

Schmetz家用万能130/705H家用缝纫针

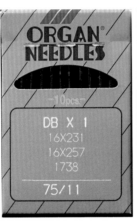

Organ工业机针也有75/11的尺寸；注意注释与施梅茨家用包装的区别

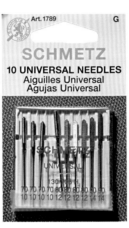

Schmetz系列国产万能130-705H机针

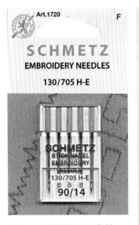

Schmetz130/705-H-E机针；字母E代表刺绣

机针注意事项：

• 始终确保所选机针属于缝纫机匹配的机针系统；

• 确保针号/针眼的尺寸与使用线的尺寸一致；

• 用新机针开始新的缝纫；

• 确保将机针头完全推入针座里；

• 确保机针的角度正确；

• 将机针插入机器后，手动转动机器手轮，以确保针不会接触任何部件；

• 为避免跳针，在针织物和弹力织物上使用圆珠针；

• 如果机针弯曲或针尖在缝纫时损坏，请更换机针。

工业缝纫机针系统图

工业机械类型	针系统
单针机	16 x 257
单针机	16 x 231
单针重型曲折机	135 x 5
曲折和双针机	135 x 7
活针缝纫机	135 x 17
包缝机	B-27
缝线缝纫机	251
纽扣缝纫机	175 x 7
锁眼机	750
复缝机	128G
多针缝纫机	113GS

Schmetz家用机针颜色编码

Schmetz家用缝纫机针使用颜色编码系统，便于识别。

上方的色带表示机针的类型，下方的色带表示针的尺寸。虽然读起来很费劲，但针的长短也刻在针柄上。然而，一些Schmetz家用机针，例如：通用机针、铁线机针、双目机针和快速穿线机针，仅使用一个颜色来标识针的尺寸大小。

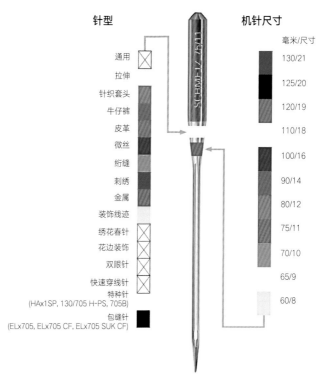

针型 | 机针尺寸

通用
拉伸
针织套头
牛仔裤
皮革
微丝
绗缝
刺绣
金属
装饰线迹
绣花春针
花边装饰
双眼针
快速穿线针
特种针
(HAx1SP, 130/705 H-PS, 705B)
包缝针
(ELx705, ELx705 CF, ELx705 SUK CF)

毫米/尺寸
130/21
125/20
120/19
110/18
100/16
90/14
80/12
75/11
70/10
65/9
60/8

机针尖

针尖的形状给了针尖通过缝制材料最佳的穿透力。针尖的形状与针尖点的组合决定了其性能。针尖点分为圆形和尖锐形两大类。圆头针用于缝制针织物，专门用于针织品。矛状或楔形的尖锐形切割点适用于皮革和人造皮革等非织造布。

R　SPI　SES　SUK　SKF　SKL　　LR　VR　S　DI　P　PCL　PCR　D　DH　SD1　LL　LLCR

针尖从圆(左)到尖(右)

阅读家用缝纫机针包

此处显示的是一包Schmetz机针，其中列出了针的类型（在本例中为绣花针）、针的尺寸（公制/美制=90/14）以及针所属的针系统（此处为130/705 H-E）。

❶ 机针类型
❷ 机针系统
❸ 机针尺寸

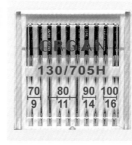

混合尺寸包装

许多机针制造商都出售各种尺寸的针包，例如Organ的这套家用通用机针的分类号为130/705H，包装内每种型号的机针至少有两根，分别为70/9、80/11、90/14和100/16。

缝纫机针的种类

在圆形和尖锐的针尖类别中，有多种针尖和尺寸可供选择。例如，最常用的通用机针有许多不同的尺寸。这个图表将帮助您根据织物类型和重量来选择最适合的针型。

机针类型	针头尺寸	说明/应用
通用针	60/8、65/9、70/10、75/11、80/12、90/14、100/16、110/18、120/19	通用型针，略带圆点，用于机织和某些针织物的缝制
快速穿线针	75/11、80/12、90/14、100/16、110/18	通用针带有滑入式穿线槽，使穿线更加容易，用于机织和针织
双眼针	80/12	双目针一种有两只针眼的通用针，用于机织和针织，与两条线一起使用，以塑造明线、阴影和纹理效果以及刺绣
伸展针	75/11、90/14	中号的圆珠针，特殊的针眼和嵌接是为防止跳针而特别设计的。用于弹性材料和高弹性针织物的缝制
针织套头衫针	70/10、80/12、90/14、100/16	中号圆珠针，用于针织物和弹力织物，不会折断或损坏针织物
牛仔裤针	70/10、80/12、90/14、100/16、110/18 *Twin 4.0mm/100	改良型中号圆珠针，带加强型刀片，适用于牛仔布、帆布、室内装饰织物和类似重量的织物
花边装饰/翼针	100/16、120/19	在针的每一侧都包含一个翼，该翼可打开织物纤维，从而形成装饰性针迹，在曲折机上与正确的针板和压脚一起使用，非常适用于轻或中重量的松散织物，以及装饰性雕工和传家宝缝制
双半针	2.5mm/100	机翼和通用针的组合，组合柄上的间距为2.5mm，用于在轻或中等重量的松散编织织物上进行双排装饰缝合，以及装饰性雕工
皮革针	70/10、80/12、90/14、100/16、110/18	楔形点，带有三点刀刃，可穿透皮革、人造皮革和乙烯基，而不会撕裂皮革
工业机器皮革针	55/7、60/8、65/9、70/10、75/11、80/12、90/14、100/16、110/18、120/19、125/20、130/21、140/22、160/23、180/24、200/25	楔形点，带有三点刀刃，可穿透皮革、人造皮革和非常重的非织造合成材料
金属针	80/12、90/14 *Twin-2.5mm/80、3.0mm/90	用于金属线，它具有长而细长的眼，细的针杆，该针有助于消除跳针和断线
微丝针	60/8、70/10、80/12、90/14、100/16、100/18	细针，纤细，非常尖锐，适合丝绸和超细纤维
绗缝针	75/11、90/14	尖锐的锥形针使缝制多个接缝和层变得容易，尖锐点还有助于防止棉絮（填充物）在织物上移位
刺绣针	75/11、90/14、*Twin 3.0mm/75、3.0mm/75	圆珠针轻盈，针眼较大，针头前侧嵌接较深，可防止跳针，可防止过度摩擦，以保护脆弱的线在穿过织物时被拉出
刺绣金针（钛）	75/11、90/14	钛制的针头具有氮化物涂层，稍圆的点和较大的针眼。该涂层可防止残留在织物上的粘合剂，这些针非常适合粗密的机织织物以及易碎的特种线织物
绣花弹簧针	70/10、75/11、80/12、90/14、100/16	针周围带有弹簧的针，用于自由运动和在轻质织物上绣花。弹簧的功能是在布料上保持压力，以防止绣花时拉伸
双针	1.6/70、2.0/80、2.5/75、3.0/90、6.0/100、8.0/100	横杆上的两个针头，只能在曲折6.5mm的机器上使用。非常适合缝制针褶、装饰缝线、边缝和传统缝制
拉伸双针	2.5mm/75、4.0mm/75	两根伸缩针安装在一个柄上，可同时形成两排针迹
压线饰缝针	80/12、90/14、100/16	特长的针眼可容纳较重或多股的线，以进行明线缝制。针较深的嵌接可防止缝线时线磨损
三针	2.5/80、3.0/80、4.0/100	横杆上的三针，因此可以一次缝制三行，可用于机器绣花和传统缝制
5 HLx5高速针	75/11、90/14、100/16	专为高速专业缝机（例如Janome 1600P系列）设计的镀铬短而平直的针，可用于平纹针织物，牛仔布，假皮草的缝制
家用塞尔格针	65/9、70/10、75/11、80/12、90/14、100/16、110/18、125/20	仅用于家用梳齿机（包缝机），而不用于家用或工业平缝机或绣花机。尺寸65/9和70/10，用于精细梭织和针织。75/11–90/14规格，适用于中等重量的机织物和针织物。重型和弹性材料的尺寸为100/16–25/20
工业包缝直针	55/7、60/8、65/9、70/10、75/11、80/12、85/13、90/14、100/16、110/18、120/19、125/20、130/21、140/22、160/23、180/24	不同柄长和形状的直包缝针。用于完成边缘和接缝。尺寸65/9–70/10用于精细梭织和针织物。尺寸75/11–100/16，用于中等重量的机织物和针织物。适用于重型和弹性材料的尺寸110/18–180/24
工业包缝弯针	55/7、60/8、65/9、70/10、75/11、80/12、85/13、90/14、100/16、110/18、120/19、125/20、130/21、140/22	不同柄长和形状的弯曲包缝针。用于完成边缘和接缝。尺寸65/9–70/10用于精细梭织和针织物。尺寸75/11–100/16，用于中等重量的机织物和针织物。适用于重型和弹性材料的尺寸110/18–140/22
工业盲缝针	60/8、65/9、70/10、75/11、80/12、85/13、90/14、100/16、110/18、120/19、125/20、130/21、140/22	弧形盲针。尺码越小，织物重量越轻；尺码越大，织物重量越重

*双针和三针尺寸包括2针或3针之间的mm距离，以及NM针尺寸，例如，双绣花针3.0 mm/75。

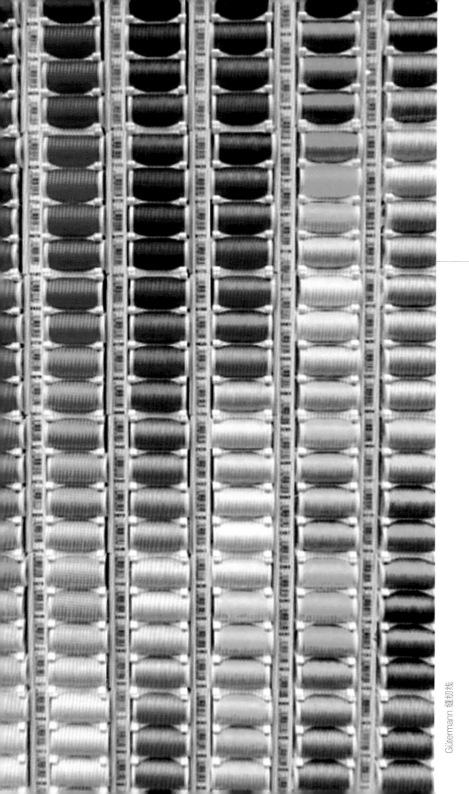

Gütermann 缝纫线

缝纫线简介

学习内容

☐ 了解关于缝纫线的知识——它们是由什么制成的，以及是如何制造的；

☐ 了解缝纫线的重量和尺寸、不同的特性及其含义；

☐ 选择合适的缝纫线，根据尺寸图表和一般指导准则；

☐ 根据缝纫线的材料、颜色、使用的针迹类型、缝线的类型、针距和织物的重量，知道如何估计用线的数量。

缝纫线的定义

美国材料试验协会(ASTM International)称："缝纫线是一种可弯曲的、柔韧的、小直径的纱线或股线，通常经过表面涂层、润滑剂或两者同时处理，用于将一块或多块材料或物体缝到一种材料上。"（ASTM标准D123-13）

缝纫线与纱线

同样，根据美国材料试验协会（ASTM International)称："纱线被定义为纺织纤维、长丝或其他材料的连续股线的通称，其形式适于针织、编织或缠结在一起以形成纺织品。"

缝纫线被设计为快速穿过缝纫机，用来把衣服缝合在一起，而纱线则用来织造织物。

缝纫线主要有以下三种材料制成：天然纤维，例如动植物纤维；再生纤维，需要对植物纤维进行再加工；以及化学制品制成的纤维。

天然纤维的植物来源包括棉花和亚麻（亚麻是用于制造亚麻布的纤维）。动物纤维来源包括蚕产生的茧。在19世纪末期棉花发展之前，丝绸和亚麻线是最常用的。如今，最常用于做线的纤维是棉。

再生纤维的一个例子是人造丝，它是由经过大量加工或再生的木浆制成的。尽管人造丝纤维可以制成漂亮的线，但它们主要用于手工和机器刺绣。

第三类纤维由化学物质制成，如尼龙和聚酯等。

| 棉花 | 亚麻 | 蚕 |

模块3：
短纤维和长丝

一根纱线由许多捻在一起的短纤维捻合而成，或由连续长丝的纤维组成。

短纤维以厘米为单位，长度范围从2.5cm到约91cm不等。短纤维来自天然纤维，例如棉和亚麻。医用棉球就是棉纤维所制。棉纤维的长度范围从1.3cm到6.3cm。

棉花球

亚麻，一种用于制造亚麻织物的植物纤维，也是一种短纤维纱线，其短纤维的长度范围为5cm到91cm。

合成纤维织物，如人造丝、尼龙和聚酯，被制成长丝。尽管人造纤维很长，但也可以将它们切成短纤维，然后纺成纱线。

亚麻纤维　　　　　　　　蚕茧

虽然蚕丝是天然纤维，但实际上是细丝。一个蚕茧的长度可能有1.6km长。

模块4：
如何制作线

缝纫线可以手工或机器制造。

如右图所示，用旋转的纺车纺纱，操作员用脚踏板转动纺丝轮，同时用一只手握住松散的纤维。另一只手将松散的纤维送入设备时，轮子的运动会将它们捻在一起形成纱线。

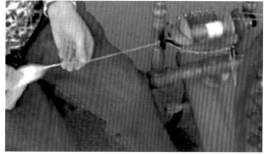  
手工纺线　　　　　　工厂工人检查棉纱　　　　"S"捻和"Z"捻

施加到纱线上以将纤维保持在一起的加捻可以指向左侧或右侧。左手捻称"S"捻，而右手捻称为"Z"捻。大多数缝纫机都使用"Z"形捻线。

纱线的类型

最常见的缝纫线类型为：1.股线；2.包芯线；3.单丝线；4.复丝线；5.变形线。纱线类型还有弹性线和高强线之分。

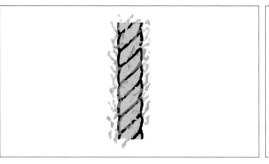

股线

大多数纱线都是从短纤维开始的，短纤维被捻在一起形成单根纱线或短纤纱。纱线的"毛绒绒"表面来自短纤维的毛羽。当单根纱线不加捻时，它会分解成纤维。短纤维加捻在一起的过程会形成牢固而柔软的线。

两条单根纱线加捻合在一起以制成股线或合股纱。当合股线不加捻时，它将分成两股单纱。合股线通常作为一般的接缝用线。

包芯线

包芯线的芯是聚酯长丝，外面覆盖着棉或聚酯短纤维。其造价昂贵，适用于具有光洁度或易起皱的织物。

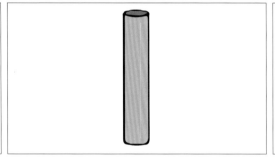

单丝线

单丝线是单股的长丝纤维。这些线比股线更细，更结实，而且成本更低。它们通常用于工业缝纫机中，用于缝制成衣中常见的链式线迹。

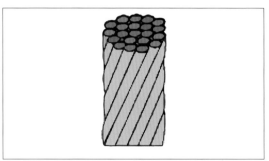

复丝线

复丝线由几股细丝组成。由于复丝线是由多根长丝组成的，因此只需稍加扭曲即可将其固定在一起。

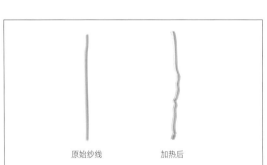

原始纱线　　　　加热后

变形线

在人造纤维上加热会使纤维产生一些变化。热量增加了纱线的体积，并产生了更柔软的表面。这样的纱线用于包缝机（拷边机）的弯针中，以完成接缝的锁边和褶边的毛边处理。

弹性线

另一种类型的线是弹性线。它具有弹性芯，用于形成起皱、抽褶、卷边和收缩（当用于缝纫机的梭芯时）。

高强线

进行平缝或打褶时，缝纫机的梭芯中使用了耐用的（包芯）线。它也可以用来缝制皱褶，例如在袖子上或沿皱褶裙的腰线。

随着时代的发展，已经有几种不同的方法来测量纤维的重量或线密度。其中包括：

- Ne或棉花支数；
- 旦系统，起源于法国；
- 国际单位特克斯支数制系统。

尽管并非所有制造商都使用同一系统，但是所有线的系统都可以分为两类：

- "定重"（间接）系统；
- "定长"（直接）系统。

这两种系统的纱线重量均基于纺成的原纱。原纱是未经漂白或染色的未加工纱线。

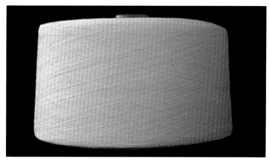

原纱线轴

定重系统

棉纱支数、线重、公制计数和公制票都是定重系统。用于特定线的系统缩写通常在线轴标签上的括号中标记。

棉纱支数（Ne，NeC，NeB，C Ne）；
线重（Wt.）；
公制数（Nm）；
公制票（No.，No./ Tkt.，Tkt.）。

定重系统是指称量特定重量纱线的长度：

- 线的重量是恒定的，以磅和盎司或克为单位；
- 因此，该系统使用的数字是指长度，不同线的长度会有所不同。

由于定重系统使用间接编号关系：

- 数字越大，线越细；
- 数字越小，线越粗。

因此，120号的线比30号的线要细。

下面将讲解此类别中的各个系统。

棉纱支数系统使用一磅的固定重量；以码为单位的长度是用来确定线尺寸的变量。棉纱支数系统使用一束的长度作为度量单位（一束等于840码）。

此系统的编号以两部分格式表示，例如40/1、50/2或45/3。第一个数字是指每磅重的840码纱线的数量，而第二个数字是指层数。

每根Ne 40/1的棉花数量等于40束（每束840码）或33600码（40×840码）的单线。比较棉计数线时，必须始终考虑层数。50/2线的棉制计数线是两层大小为25号的线（50÷2=25）。

现在将50/2线与45/3线进行比较，哪根线比较重？45÷3=15。由于棉的数量成反比关系，所以Ne 45/3（等于15）比Ne 50/2（等于25）重。

840码的束数

棉纱支数 (Ne)

棉花计数系统

线重（Wt.）是棉花计数系统的一种变化形式，是指1克线的米数。描述为50 Wt的线表示50m长的线重1g。

公制数（Nm）系统是一根1g重的1m长的线束数量。

公制票（No., No./Tkt., Tkt.）是公制计数系统的变体。它是根据重量为3g所需的线的米数计算。

线重系统

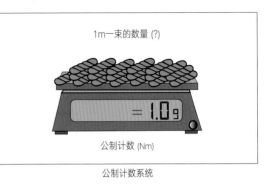

公制计数系统

定长系统
旦和特克斯体系都是定长体系。与上述系统一样，这些系统的缩写通常出现在线轴上的括号中。
旦（Td, d）；
特克斯（Tex, T）。

定长系统是指给定长度的线的重量。由于使用的数字与线有直接关系：
- 数字越小，线越细；
- 数字越大，线越粗。
因此，30号的线比120号的线更细。

旦系统通常用于长丝纤维，并测量9000m线的重量（g）。（一旦为度量单位，是以一根丝为基础的——9000m重1g的丝）。

想象一下9000米m的轻质聚酯线，其重量比9000m的轻质线还要少。

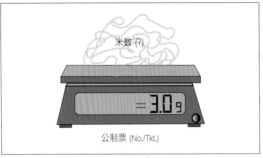

公制票系统

特克斯系统通常用于长丝纤维，并以1000m线的克数为单位进行测量。

通用线的特克斯大小为30。这意味着1000m长的线重30g，表示为T-30或Tex30。高于所有用途的明线缝纫线，其特克斯尺寸为60或更大。

旦线

特克斯线

线尺寸

要将线大小转换为另一个系统进行比较，请使用下表。

	定量：间接系统				定长：直接系统	
	棉花计数	线重	公制计数	公制票	特克斯	旦
重量	Ne, NeC, NeB, C Ne	Wt.	Nm	No., No./Tkt, Tkt., or Ticket	Tex 或 T	Td, d
定义	1磅中的840码吊钩数 分为两部分的格式。50/2的线转化为1磅重的50 840码的一束，由两股50号纱线制成	线重（Wt.）是棉花计数系统的一种变化，指一克重的线的米数 对于两层线，不列出层数时，是棉花计数系统的第一个编号 棉花计数系统中50/2的线尺寸相当于50Wt.的线	公制计数（Nm）是单根线的1克重1米长的线束的数量 Nm 80/2的线径是指两条纱线，每根80m，重2g	公制票（No.，No./Tkt，Tkt.）是公制计数（Nm）系统的变体，是指3g重线的米数	通常用于连续纤维的测量单位特克斯，是基于固定长度1000m，重量为1g 称取1000m的长度，并根据重量（g）确定线的尺寸 以1000m为单位计的重量	通常用于连续长丝纤维的细旦计量单位是以9000m的固定长度为基础的，重量为1g 重量（g）9000m
公式	束数？=1磅 1束=840码	米数？= 1g	1公尺（？）的数量=1g	米数？= 3g	克数？= 1000m	克数？= 9000m

表达式也是理解线数的关键。为了进行比较，特克斯尺寸为30的通用线等于这些值，如下表所示：

- 棉支数量为50或50/2；
- 线重50；
- 公制计数33；
- 公制票100；
- 旦270。

	定量：间接系统				定长：直接系统	
	棉花计数	线重	公制计数	公制票	特克斯	旦
符号	Ne, NeC, NeB, C Ne	Wt.	Nm	No., No./Tkt, Tkt., or Ticket	Tex或T	Td, d
表示	C Ne 50或50/2	50 Wt.	Nm 33.33	No. Tkt. 100	T-30	d-270

模块7：
线包装

根据线的类型、机器和缝制要求，将缝线包装成不同的类型和长度。

对消费者来说，最常用的四种产品形式是：
- 线轴形式；
- 圆柱体形式；
- 圆锥体形式；
- 维康形式。

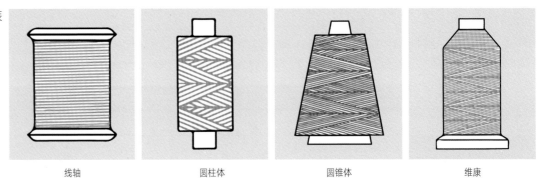

| 线轴 | 圆柱体 | 圆锥体 | 维康 |

模块8：
将线绕到线轴上

一根线缠绕在线轴上的方式将影响其在使用时的卷绕方式。

叠缠绕：线轴堆叠缠绕，一排线平行于另一排线。线卷最好在缝纫机的垂直主轴上使用，这样可以使线从侧面卷绕。如果将绕线轴放在水平主轴上，则线可能会卡在线轴顶部的小凹口中。

十字线：一根线头交叉缠绕，形成"X"形。它用于垂直主轴上，使线从顶部卷出，或用于带有线轴盖的水平主轴上。

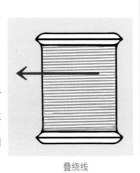
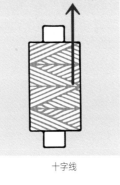

| 叠绕线 | 十字线 | 线轴盖 |

最常见的线表面处理是：

1.柔软整理；

2.丝光；

3.上釉；

4.黏合；

5.润滑。

软线是指仅需少量润滑的天然棉线或短纤线。这种类型的线表面有绒毛。

丝光棉线经过氢氧化钠处理，以增强其强度、光泽和染色性。一些品牌将其称为称为"丝光整理"。

上釉线的表面涂有蜡和淀粉涂层，以减少磨损并提高耐用性，非常适合缝纽扣。

上黏合剂线，将树脂涂在线上以形成光滑的表面。

一种叫做缝纫辅助剂的硅润滑剂可以用来减少摩擦和热量。它适用于锯齿形的线轴。

柔软整理

丝光或丝光处理

上釉

49

黏合

缝纫辅助剂

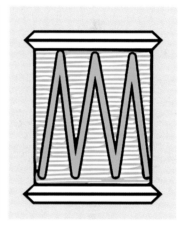
缝制辅助装置

服装缝纫线的主要制造商有：

• 格特曼；

• 阿曼·梅特勒；

• Coats&Clark公司。

每个制造商都生产以下类别的线：

• 细缝纫线；

• 缠绕（锁边）线；

• 通用线；

• 明缉线；

• 专用线。

缝纫线尺寸表

　　此图表中的不同线的品牌和尺寸在购买线材时仅作为参考，并非所有品牌的线都清楚地标明了其尺寸。表头上面的彩色部分为每个品牌提供了一个简单的参考。

品牌关键	Gütermann	Mettler	Coats Dual Duty	其他品牌
	定量：间接系统			定长：直接系统
	棉花数	线重	公制票	特克斯
	Ne, NeC, NeB, C Ne	Wt.	No., No. Tkt., Ticket	Tex或T
精细缝制		60Wt.		T-23
		梅特勒丝绸整理棉60Wt.	Skala 360 No./Tkt. 360 (Tex-8)	
		双重任务XP Fine	Skala 240 No./Tkt. 240 (Tex 12)	
			Mara 120 No./Tkt. 120	
Serger			No./Tkt. 120	T-27
		Seracor Serger线50wt.	小型笨重尼龙	YLI羊毛尼龙
				最大锁定伸展
				马克西锁塞尔格
				大衣SureLock
通用的	C Ne 50 or 50/2	50 wt.	No./Tkt. 100	T-30
	天然棉C Ne 50	梅特勒丝绸整理棉50wt.	缝制全涤100号	双重任务XP Tex 30
			Mara 100 No./Tkt. 100	
			古特曼A 302	
			Mettler Metrosene No. 100	
			双重任务XP通用	
明缝线		24wt.或者更多	No./Tkt.	T-35以上
		梅特勒超强24wt.	牛仔裤线75号	真丝扣眼Tex 75
		双负荷XP重型15wt.	特强M 782 No. 40	双工加粗斜纹棉布Tex 35
			明线缝制30号	双工加牛仔Tex60
			Mara 30 Topstitching No. 30	XP重型S950 Tex 75
特色			No./Tkt.	
	棉质底料Ne 42/2		丝绸 S 303 No. 100	纽扣和地毯Tex 104

50

作为服装缝制的一般准则，由100%聚酯纤维或100%丝光棉制成的通用线适用于亚麻、棉、丝绸、羊毛、混纺和人造纤维织物。

对于所有棉制服装，用一种丝光100%棉纺细线可能是合适的。

在大多数情况下，100%的丝线对于一般的服装缝制来说太坚固了。如果用于服装接缝，当接缝受到应力，丝线比织物坚固，导致织物撕裂而不是断线。修复断线比修复破损的织物要容易得多。然而，丝线非常适合缝细羊毛和毛制品。

为使外观看起来更专业，使用特克斯尺寸为24或线重为60磅的细棉线，每英寸缝制14针（针距1.1mm长），非常适合男装或女装衬衫的缝合线和明线。

对于锯齿状或包缝的线，选用100%聚酯纤维制成的线是合适的。

例如，在运动服或泳装中，当需要弹性时，尼龙或聚酯纤维制成的线可使接缝具有弹性和柔软性。

一条牛仔裤上传统的明缝是用较粗的线缝制的，例如特克斯60号或30号。根据缝纫机型号推荐的针号决定了线的尺寸。

特克斯为75号的丝质纽扣孔线用于缝制漂亮的扣孔。

对于手工定制服装，预先打蜡和按规格裁切的尼龙线可以更有效地缝制。

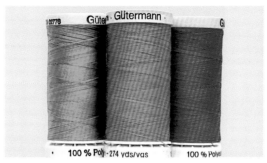

Gütermann100%涤纶线

100%棉线

断线接缝

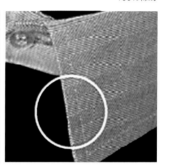

用棉线锁边

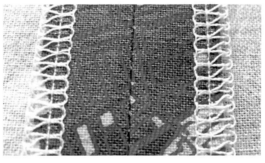

接缝

牛仔裤上粗线缝的明线

丝扣眼线

预打蜡和按规格裁切尼龙线

在无法找到与特定织物匹配的情况之前，线的颜色选择似乎有无限可能性，以下仅供参考：

- 对于深色织物，选择颜色比深色织物稍深的深色线；

- 对于浅色织物，选择颜色比浅色织物稍深的浅色线；

请记住，每个人的色彩感知各不相同，因此最好是选择两个最佳颜色的缝制样品，再在两者中选择更优的。

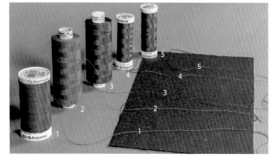

图中，五种通用线放置在织物上。最佳配色是3号。第二选择是2号还是4号？

此示例也有五个通用线放置在织物上。最佳颜色选择是4号。第二个选择是5号。

确定特定工序所需的用线数量取决于许多因素。

线迹类型

美国材料试验协会（ASTM）将缝线定义为"在接缝生产过程中由缝纫线形成的重复单位"。

每种线均按使用的机器类型分类，并由国际标准化组织（ISO）指定标准编号，该组织为工商业界制定标准。

例如，平缝线迹是缝制中最常用的线迹，并且"由两根线形成；一根面线和一根底线相互交织"（ASTM-123-13）。锁缝的ISO分类或线迹类为#301。

在平缝的横截面中，面线和底线互相缠绕，将针迹"锁定"。

第二种最常用的线迹是包缝线迹，它由一根针线和两根弯针线形成。包缝机在家庭缝纫中被称为锁边机。该针迹的ISO类为#504。

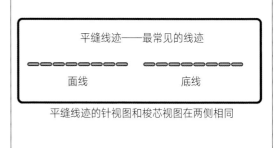

平缝线迹——最常见的线迹

面线　　　　　　　底线

平缝线迹的针视图和梭芯视图在两侧相同

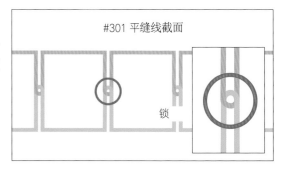

#301 平缝线截面

锁

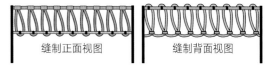

缝制正面视图　　　缝制背面视图

缝线类型

服装缝制中的缝线类型，缝线按其类型（平缝、搭接缝、包边缝）及其在织物中的位置（后中缝、内接缝）进行分类。接缝处采用了多种技术，以防止织物的边缘散开，并使服装内部整洁整齐。通常，将一块布放在另一块布上面，然后把它们缝合在一起，就形成了最基本的缝线类型。

在右边的插图中，虚线是缝合线，红线表示织物的缝合位置。

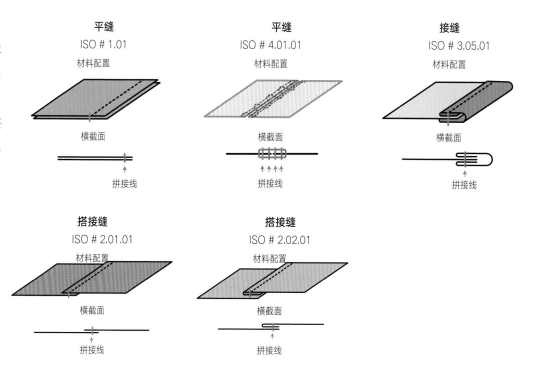

平缝
ISO # 1.01
材料配置
横截面
拼接线

平缝
ISO # 4.01.01
材料配置
横截面
拼接线

接缝
ISO # 3.05.01
材料配置
横截面
拼接线

搭接缝
ISO # 2.01.01
材料配置
横截面
拼接线

搭接缝
ISO # 2.02.01
材料配置
横截面
拼接线

每英寸的针数

对于基本的平缝线迹，此图表可用于确定每英寸的针数。对于更复杂的缝合类型，在一块面料上缝上样线。在缝线上隔1英寸（2.5cm）作两个标记，然后计算针数（Spi就是每英寸的针数）。

每个针迹长度设置的每英寸针迹数（spi）

0.5mm = 50.8 spi	2.0mm = 12.7 spi	3.25mm = 7.8 spi
0.75mm = 33.8 spi	2.25mm = 11.2 spi	3.5mm = 7.25 spi
1.0mm = 25.4 spi	2.5mm = 10 spi	3.75mm = 6.77 spi
1.25mm = 20.3 spi	2.75mm = 9.2 spi	4.0mm = 6.35 spi
1.5mm = 16.9 spi	3.0mm = 8 spi	4.25mm = 5.97 spi
1.75mm = 14.5 spi		4.5mm = 5.6 spi
		4.75mm = 5.34 spi
		5.0mm = 5.08 spi

大多数服装结构为8spi至12spi

在缝纫机上从1到5的数字表示针迹长度刻度盘

每英寸的所有针数均为近似值

线的规格

诸如牛仔裤之类的服装将需要几种不同的线号。

1. 基本结构：Tex30或公制（No., No./Tkt., Tkt.）100；

2. 包缝线：Tex 27；

3. 扣眼：Tex 60；

4. 明线：Tex 75。

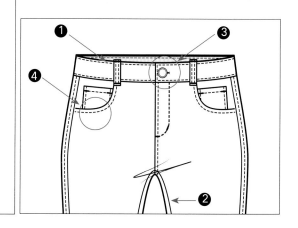

织物重量

影响纱线数量的主要因素是织物重量与线号之间的关系。一件薄纱织物不能用粗缝线缝制，牛仔布也不能用细缝线缝制。织物重量和线重应匹配。

使用缝线制造商American&Efird提供的以下图表作为指导：

织物重量/典型线号/针号

织物重量	面密度（g／m²）	线密度（Tex）	针号
精细18－30 Tex（净重为低于8盎司/200克）			
极轻	68～136	16, 18, 21, 24	60, 65
轻	136～204	24, 27, 30	70, 75
服装类型：衬衫、休闲衬衫、内衣、针织上衣、连衣裙、睡衣、泳装、T恤			
中型30－60 Tex（底重= 8oz / 200g或以上）			
中等	204～272	30, 35, 40	80, 90, 100
中重型	272～339	40, 45, 50, 60	100, 110
服装类型：运动服、外套、夹克、牛仔裤、裤子（长裤）、雨衣、运动衫			
重60~105Tex			
重	339～407	60, 80, 90, 105	120, 140
超重	407～475	105, 120, 135+	140, 160
服装类型：牛仔服装、大衣、派克大衣、运动裤、工作服			

服装平均线耗

线的数量可以从线轴上的50码（45.7m）到线轴上的6,000码（5486.4m）甚至更多不等。

产品缝制	总码/服装	产品缝制	总码/服装	产品缝制	总码/服装	产品缝制	总码/服装
女装				男装			
衬里大衣	246	牛仔裤	250	休闲裤	225	工作衬衫	115
西装外套	153	短裤	151	牛仔裤	200	羊毛运动衫	280
连衣裙	141	长袍	300	牛仔短裤	160	针织Polo衫	130
短裙	192	睡衣	135	工作裤	238	T恤衫	63
衬衫	122	针织连衣裙	125	西装外套	175	背心	58
裤子	162	泳装	85	长袖衬衫	131	针织短裤	68

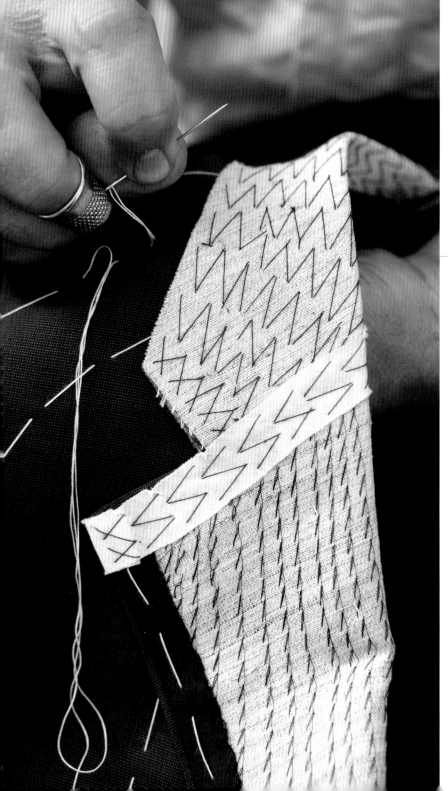

手缝

学习目标

☐ 辨别不同的手缝针法及其用途，采用假缝和打线钉在面料上作标记；

☐ 掌握明缲缝、纳针、锁缝线迹；

☐ 暗缝采用暗缲针来缝制贴花，使用三角针来缝合多层衣片；

☐ 采用贯针和双边环针来缝制服装的底摆；

☐ 线结针法打套结，打线襻；

☐ 服装边缘的缝制学习环针、锁针、拱针。

本章节内容：

- 手缝（均匀和不均匀）
- 三角针
- 套结与线襻
- 锁针

- 缲贴花
- 暗迹双环针
- 环针
- 拱针

手缝

工具和用品

- 不同的布料：毛毡，羊毛毡，粗花呢，
  真丝欧根纱，马海毛衬布和棉布；
- 5号手缝针；
- 8号密缝针；
- 棉线；
- 顶针。

第一模块包括以下针法：均匀假缝、不均匀假缝、记号缝、斜向疏缝、打线钉、明缲缝、纳针和锁缝线迹。

这些基础手缝针法是缝制的基础，其中一些针法也可用于立裁中。

模块1：

均匀假缝（平针）

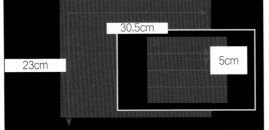

步骤1

准备一块长30.5cm，宽23cm的毛毡，在毛毡上画出三条间距为5cm的平行直线。这里只演示单层面料的假缝。

步骤2A

用一根长46cm未打结的单股棉线穿入5号手缝针，从面料正面进针，并连缝两针，针距为6mm。然后拔针拉线，留下2.5cm的线头，也可以回缝一针。

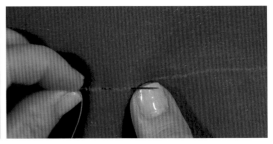

步骤2B

向前1.3cm进针，并连缝两针，针距均为1.3cm。请勿将缝线拉得太紧，以防面料起皱。演示图片中，沿着面料上的标记线进行假缝，当在实际情况中进行假缝时，建议假缝线迹与衣片缝合线迹相距2mm，从而保证假缝线迹位于机缝缝线之外，便于后期去除缝线；也可以使用假缝来进行抽褶，但其针距控制在3~6mm之间。

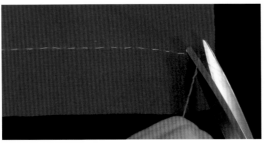

步骤2C

重复上述缝制过程至面料末端。均匀假缝通常是对两层或多层衣片进行定位缝合，比如在测试服装的合体性或者机缝服装之前，都会使用到均匀假缝。建议使用长度偏长的缝针，比如5号手缝针，因为这样便于多针连缝，从而加快缝制速度。

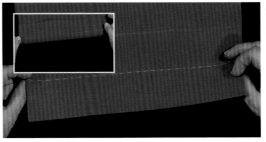

步骤2D

当假缝完成后，翻转面料检查其反面的线迹。去除假缝线迹时，可以间隔几厘米将缝线剪断，在不拉扯面料的情况下将缝线抽出来。

小技巧：

当面料较厚或者服装较为紧身时，建议采用两股缝线进行假缝。

模块2：

不均匀假缝

小技巧：

如果服装试样的缝合处需要承受一定的拉力，请勿使用不均匀假缝（采用双股缝线都不行）。

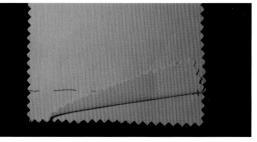

步骤1

不均匀假缝通常用于快速缝合衣片，由于其针距比均匀假缝大，且牢固性偏差，因此不能用于试样的缝制。此外，对服装下摆进行假缝时，面料正面的线迹要小一些。

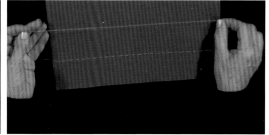

步骤2A

用一根长46cm未打结的单股棉线穿过5号手缝针。首先，从面料正面开始缝制。

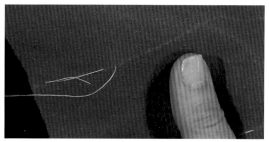

第一针针距为1cm，第二针针距为2.5cm，第三针针距为1cm，拔针拉线。

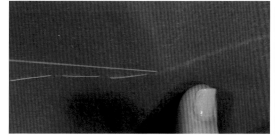

步骤2B

重复上述缝制过程，采用1cm与2.5cm相间的针距。请注意，由于不均匀假缝的针距为2.5cm，因此不能够像均匀假缝一样，用缝针进行连缝。

步骤3

缝到面料末端时，回缝一针并剪断缝线。

步骤4

不均匀假缝在面料反面的线迹如图所示。

模块3：

记号缝（作线号/记号假缝）

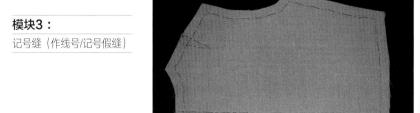

步骤1

记号缝是指采用缝线代替描图纸在服装衣片上作定位标记的缝制记号，比如前中心线、后中心线及袖中线的标记。对于厚重、精细的面料，不能使用描图纸或者划粉来进行标记。此时，通常可以使用记号缝来标记缝份、刀眼、口袋和扣眼的位置。当在服装局部（扣眼）记号缝时，建议缩短针距。

步骤2

用一根未打结的单股棉线穿入5号手缝针，在面料反面进行缝制。

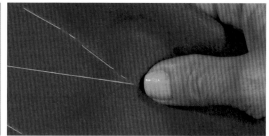

步骤3

先从面料的正面进针，并连缝两针，针距为6mm。然后，连续缝制三针，针距分别为2.5cm、6mm和6mm，从而形成2.5cm线迹，6mm间隔和6mm线迹。重复上述步骤直到缝制结束，请勿将缝线拉得太紧，以防面料起皱。

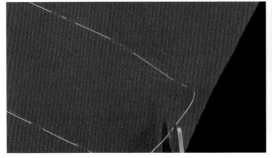

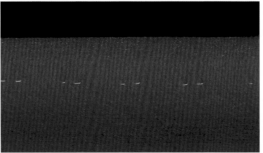

步骤4

当缝到面料末端时，留出2.5cm的线尾，然后剪断缝线。

步骤5

将面料翻到反面，可以看到反面的线迹偏小。缝制服装下摆时，正面的线迹应该偏小。

模块4：

斜向疏缝

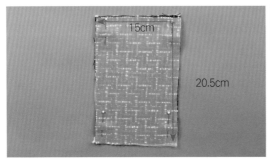

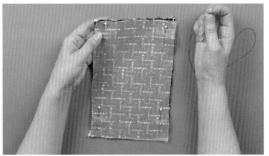

步骤1

准备长20.5cm，宽15cm的欧根纱和粗花呢各一块，用大头针将两层面料固定在一起。

步骤2

斜向疏缝主要用于固定服装衣片，使其在缝制及熨烫过程中不移位。

步骤3

用一根未打结的单股棉线穿入5号手缝针。为了便于演示，此处选择颜色鲜明的红色缝线。但是，在实际服装缝制中，不推荐使用红色缝线，因为它可能会污染面料。

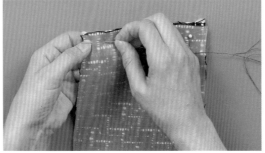

步骤4

首先，移除左上角用于固定面料的大头针。

步骤5

然后，自右向左运针，针距较大，拔针拉线。

步骤6

接着，向斜下方向运针，自右向左缝制一大针。

步骤7

重复同样的过程，先向斜下方向运针，再自右向左缝制一大针，如此往复。

步骤8

继续缝制面料直到末端。

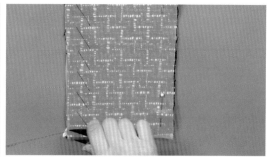

步骤9

缝到面料末端时，收针并剪断缝线，开始缝制下一行。

步骤10

将缝线打结，从面料中心线位置再次开始缝制。在距离第一行线迹2.5cm的位置，开始缝制第一针。

步骤11

重复以上缝制步骤，自右向左运针并保证针距一致。斜向疏缝常用于固定多层面料，将多层面料缝制在一起，保证其在服装缝制过程中不会散开，就像一块面料一样。

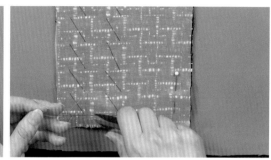

步骤12

缝到面料末端，缝完最后一针，剪断缝线。

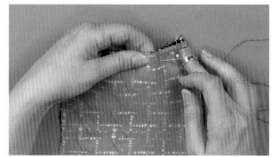

步骤13

现在开始缝制第三行。演示者戴的是一个开口式顶针，因此她用手指侧面代替手指尖来推动缝针。

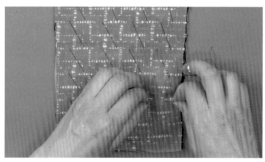

步骤14

重复以上缝制过程，沿着面料向下缝制。如果想缝制一件有内衬的夹克，则需要使用该针法来缝制服装的前片、后片及袖片。

步骤15

缝到面料末端时，移走最后一个大头针。缝制最后一针，剪断缝线。这就是一个完整的斜向疏缝的缝制过程。

步骤1

接下来将学习如何打线钉——包括间断式线钉和连续式线钉。打线钉是一种将纸样记号转移到面料上的缝制方法。此处，使用½比例的纸样进行演示。在后衣片缝制线钉，分别使用两种不同的打线钉方法来缝制衣片上的两条省道。

步骤2

用大头针将纸样与两层面料别合在一起，沿着纸样边缘裁剪面料得到衣片。此时，大头针将纸样与两片衣片固定在一起。

步骤3

用一根未打结的双股棉线穿入5号手缝针，并戴上顶针。

步骤4

接下来，将演示间断式线钉的缝制方法。此处使用红色缝线进行演示，但在服装缝制过程中不推荐使用该颜色缝线，因为它可能会污染面料。

步骤5

先做省道较短的肩省，在省道的两端点及省尖点处打线钉。由于该省道较短，因此每个点处只需要缝制一个间断式线钉。先自右向左用小针距缝制第一针。

步骤6

然后，从第一针的右后方进第二针，保留合理的线头长度。

步骤7

在靠近第一针出针的位置出第二针。

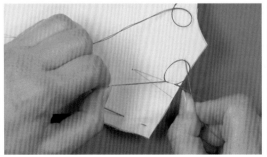

步骤8

拔针拉线，并留下一个线圈。合理分配线尾与线圈长度。

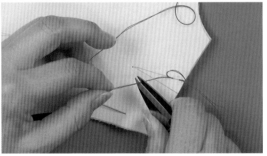

步骤9

剪断缝线，保留线尾。此时，缝针上的缝线仍剩余较多。

步骤10

参照上述步骤在省尖点缝制一个线钉，该线钉的针距一定要小。

步骤11

缝制一针并保留一个线尾，然后在上一针进针与出针的位置再缝一针。

步骤12A

与之前的步骤相同，仍保留一个线圈。

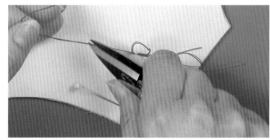

步骤12B

剪断缝线，并保留合理的线尾长度。

步骤13

现在开始缝制省道另一端的线钉，留意演示者是如何沿着省道线缝制线钉的——将纸样上的记号标记转移到面料上（线钉的作用）。缝制时所有的进针和出针都必须在省道线上。

步骤14

保留一个线圈并剪断缝线。此时，已缝制完成3个间断式线钉。

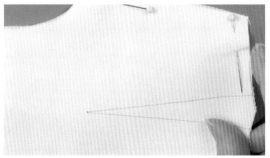

步骤15

现在开始演示连续式线钉的缝制。转动后衣片，使大省道位于右边，这样方便自右向左开始缝制线钉。

步骤16

与之前的缝制步骤相同，沿着省道缝制线钉。先进针再出针。

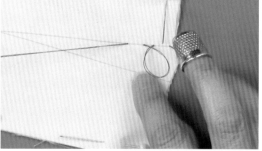

步骤17

连续式线钉与假缝很相似，都是一上一下运针。假缝需要将缝线拉直，而连续式线钉的每一针都需要保留一个线圈。

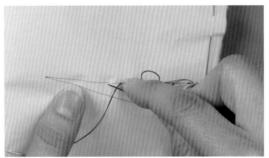

步骤18

沿着省道继续缝制线钉，并保留线圈。

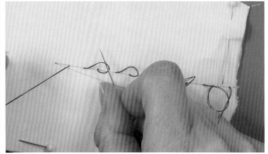

步骤19

如果保留的线圈偏小，则使用缝针将其挑出变大。

步骤20

建议在省道的两条边分别缝制一条连续式线钉，而不是缝完一条省道边后，再转过衣片继续缝另一条边。

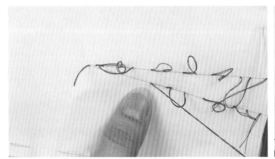

步骤21

连续式线钉的针距为6mm，线迹间隔也为6mm，此时已缝到最后一针。

步骤22

缝制最后一针出针在省尖点，然后剪断缝线。

步骤23

图中线钉的线圈高度大约为2cm。

步骤24

剪断每一个线圈。

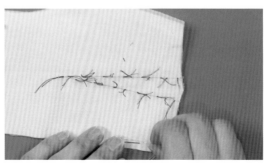

步骤25

移走衣片上的大头针。

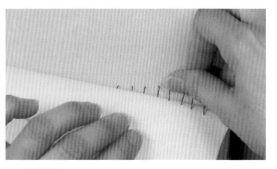

步骤26

在移走大头针后，从衣片上轻轻地取下纸样。用拇指及其他手指按住缝线与衣片，确保缝线仍保留在面料上。

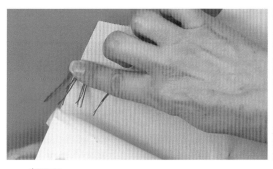

步骤27

用手指压住线钉，使其不随纸样移动。这里是用间隔式线钉来缝制肩省。

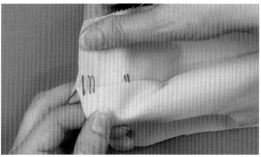

步骤28

接下来，分离两片衣片。轻轻地分开两层面料使其两侧线量均匀。

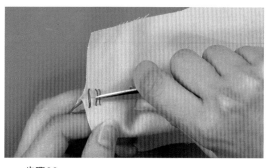

步骤29

将两层衣片分开6mm，然后从线钉中间剪断。

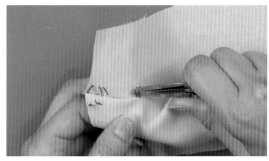

步骤30

重复上述步骤，剪开省尖点的线钉。

步骤31

轻轻地分开两层衣片。

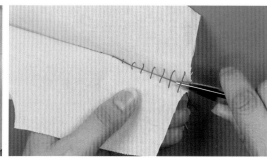

步骤32

对于另一个省道，也剪开连续式线钉。轻轻地将两片衣片分开6mm，然后从中间剪断线钉。

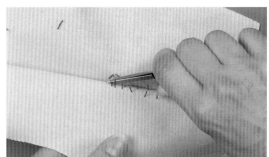

步骤33

从省道右端开始剪至省尖点。

步骤34

剪断省道另一侧的线钉。使用双股缝线较好，可以保证在丢失一个线钉的同时，还保留另一个线钉。

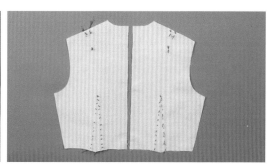

步骤35

如上图所示，纸样上的记号已经成功转移到后衣片上。到目前为止，已经学会了如何缝制间隔式线钉及连续式线钉。

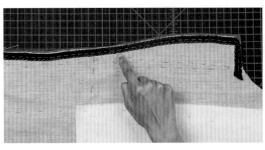

步骤1

明缲缝和纳针均用来缝制夹克的里层。图中将使用纳针将马海毛衬布缝制到夹克衣片上。如上图所示，衣片的另一端并未缝合（用于演示纳针）。用缝线在马海毛衬布中心位置从上到下将其固定在衣片上，然后使用明缲缝来缝合马海毛衬布的两侧。

步骤2

用未打结的缝线穿入8号密缝针，针只挑面料反面的上面一层，注意不要挑到面料的正面。

步骤3

明缲缝针距为5mm，线迹呈斜线。缝制过程中，确保只缝合了马海毛衬布边缘、滚条及面料底层的部分纱线。

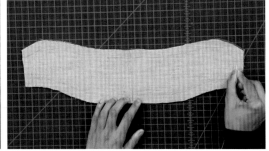

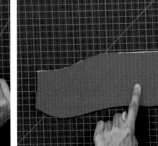

步骤4

如上图所示，面料的正面仍保持干净，毫无针迹。

步骤5

现在开始演示领底的纳针缝制。此处，已经采用假缝将马海毛衬布与衣片缝制在一起。

步骤6

领底正面的假缝线迹如图所示。

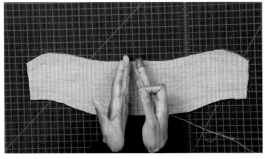

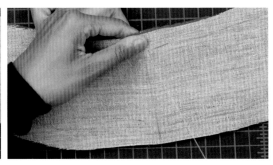

步骤7

从领底中心位置向外开始缝制纳针，由于领底的一侧已经缝制完成，故而在领底的另一侧演示如何缝制纳针。

步骤8

用单股棉线穿过缝针，并将缝线末端打结，戴上顶针。首先，在距离后中心线6mm处，垂直于后中心线缝制第一针。线迹穿过马海毛衬布与领底反面的部分纱线，确保领底正面不露线迹。

步骤9

针距为6mm，缝制第二针，覆盖在第一针上，打一个线结。调整面料角度，便于缝制下一针。

步骤10

从后中心线处进针，并垂直于后中心线出针，针距为6mm且线迹水平。切记针只能穿过马海毛衬布及毛质面料的部分纱线。

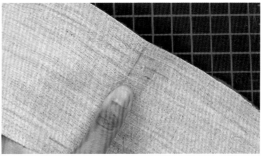

步骤11

如图所示，该针线迹的长度为1.3cm，在后中心线处继续缝制下一针，针距为6mm。

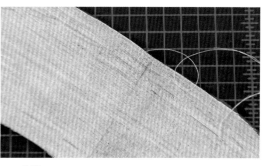

步骤12

如此循环缝制，形成斜纹。继续缝制直到面料末端。

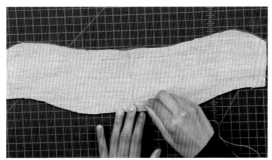

步骤13

开始缝制下一行斜纹。

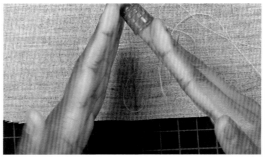

步骤14

纳针的倾斜线迹能够形成人字图案。为了得到人字图案，在缝制过程中需要合理地调整面料角度，找到一个有利于缝制的最佳角度。

步骤15

重复上述缝制步骤，缝制下一行斜纹。请注意，为了线迹能够形成人字图案，该线迹方向与上一行线迹相反。

步骤16

该行的针距与线迹间隔仍与上一行纳针一样，分别为6mm，1.3mm。两行斜纹之间的距离为3mm，缝制过程中，要保证线迹不会重叠或者相互交叉。

步骤17

缝完此行纳针后，换行继续缝制。

步骤18

重复纳针缝制步骤，反向缝制下一行斜纹，缝制过程中要确保只缝合了马海毛衬布及面料的部分纱线。

步骤19

请注意，将领底翻至正面，正面要求不露一点纳针线迹。

步骤20

继续缝制，此处为了演示，缝线的颜色为面料的对比色，但在实际服装缝制中，缝线颜色应与面料的颜色相匹配。除此之外，每个人字图案的两行缝线之间的距离均为3mm。

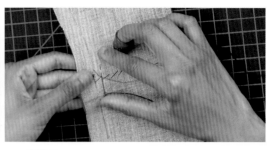

步骤21

为了便于演示，使用8号密缝针和黑色缝线继续缝制。由于该实验中使用的马海毛衬布没有黏合剂，因此无法将其与面料直接黏住，故而使用纳针将马海毛衬布与面料固定在一起。

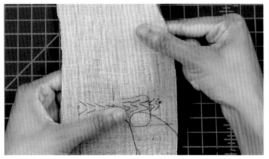

步骤22

即使马海毛衬布是带有黏合剂的，黏合剂有时也会损伤面料，因此需要使用纳针来代替黏合。

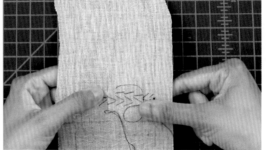

步骤23

纳针也会增加面料的硬度，对比普通衣片与纳针衣片，会发现纳针衣片更结实稳固。

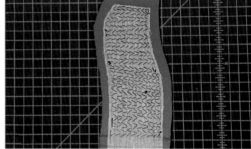

步骤24

如图所示，领底已经完成纳针缝制。到目前为止，已经学会了明缲缝与纳针。

模块7：

锁缝

步骤1

开始演示锁缝线迹的缝制过程。

步骤2

当衣片缝份偏小时，可以使用锁缝将衣片缝合在一起。

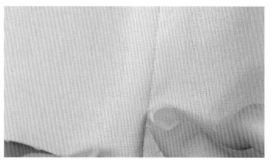

步骤3

请注意衣片缝合后的针距很小，该针距几乎看不见，目的是为了面料上不留线迹。

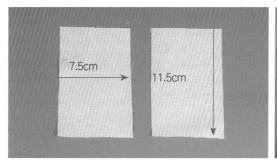

步骤4

准备长11.5cm，宽7.5cm的棉布2两块。

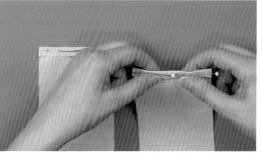

步骤5

首先，将棉布的宽边向下折叠6mm到1cm，并用大头针将其固定住。

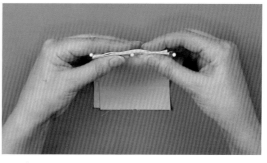

步骤6

将两块棉布的宽边对齐，正面相对，边缘对齐。

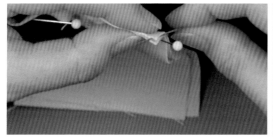

步骤7

用单股棉线穿过缝针，并将缝线末段打结。从棉布折叠处的后面进针，这样线结就隐藏于棉布的折边下面。由于缝线可承受的拉力更大，因此使用锁缝缝合的面料边缘比用大头针固定的面料边缘更加牢固。

步骤8

从另一块棉布的折叠顶端处出针，靠近折边的边缘（此处使用红色缝线是为了演示，在实际服装缝制中，缝线颜色应与面料颜色相匹配）。

步骤9

将针穿过折边顶端，拔针拉线进针棉布的反面，然后从棉布折边正面出针。请注意，缝线只包住了一点点面料，针距为2mm。此处，演示者戴了一个顶针。

步骤10

继续沿着棉布的折边进行缝制，锁缝的线迹沿着面料边缘分布且呈斜纹，针距均为2mm。由于线迹在棉布边缘缠绕，将两片棉布固定在一起，因此称之为锁缝。

步骤11

如上图所示，已缝制完成一行锁缝，左图是其正面线迹，右图是其反面线迹。

缲贴花

工具和用品

- #1平纹细布（中厚印花布）；
- 棉帆布（对比色）；
- 塑料或橡胶板（卡片）；
- 8号手缝针/绣花针；
- 10号密缝针；
- 6股绣花棉线。

暗缲针法是一种隐藏针法，常用于缝制口袋、下摆、绗缝和其他服装部位。

本章节中，将学习如何使用暗缲针法来缝制贴花。下文将详细介绍针法步骤及一些辅助工具的使用，这将有助于简化缝制过程。

模块1：
课程准备

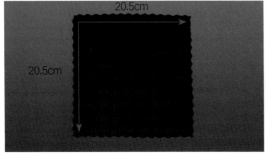

步骤1A
准备一块边长20.5cm的正方形棉帆布。图示的是棕色棉帆布。

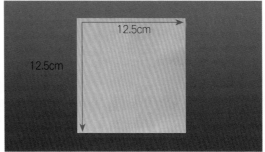

步骤1B
准备一块边长12.5cm的正方形平纹细布。

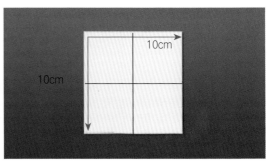

步骤1C
准备一块边长10cm的正方形塑料板或者橡胶板。在塑料板上标记长度和宽度中心线。

模块2：
螺纹针

步骤1
首先，将顶针戴在右手中指上。此处使用6股绣花棉线进行缝制。

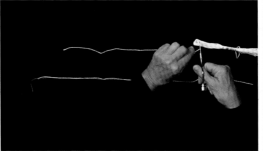

步骤2
从绣花线中抽出一根45.5cm长的缝线。

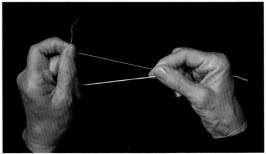

步骤3
从绣花线中抽出一股线。这样做的目的是为了熨烫面料时不在面料上留下线的痕迹。

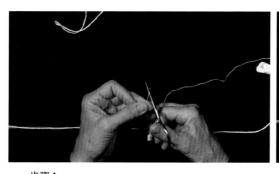

步骤4

用绣花剪刀将绣花线的末端剪成一个倾斜的角度。

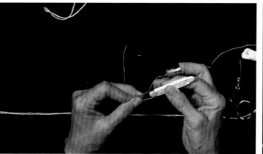

步骤5A

借助穿针器，或者目测将绣花线穿过8号手缝针/绣花针。

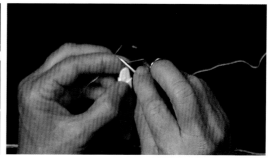

步骤5B

如果与穿针器缠在一起的话，则可以借助剪刀尖将其分开。

步骤5C

一旦穿针器的顶端被打开，就可以轻易地将绣花线穿过去。

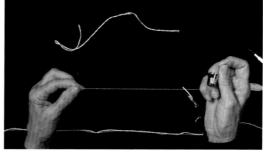

步骤5D

将穿针器的一端插入针眼，借助其将绣花线穿过绣花针。

步骤6A

在绣花线的末端打个结，先将绣花线绕着针尖绕三圈。

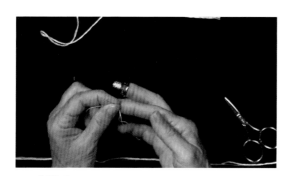

步骤6B

然后用指尖沿着针和缝线把线圈往下拉到线尾，最终形成一个线结。

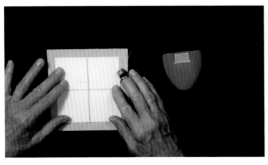

步骤1

将贴花模板放于平纹细布的上方，并在四周留出1.3cm的缝份量。根据模板上的记号线调整面料的丝缕方向。

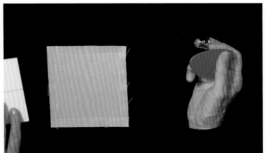

步骤2

使用划粉将贴花模板的四条边标记于平纹细布的正面，然后移走模板。

步骤3A

从划粉标记线的中间位置进针，开始粗缝贴花布。确保缝线长度足够缝制完成贴花布一周。

步骤3B

采用针距为6mm的平针沿着划粉标记线粗缝贴花布。

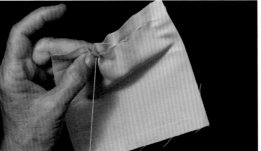

步骤3C

请勿将缝线拉得太紧，以防面料起皱。

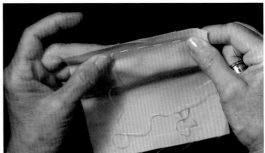

步骤3D

用手指拉伸面料边缘，将缝线展平。

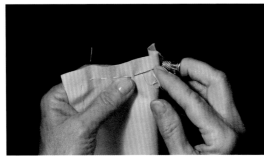

步骤3E

顶针有助于轻易地将针穿过面料，演示者戴的是缝制人员专用的开口式顶针，但是，也可以选择闭口式顶针。

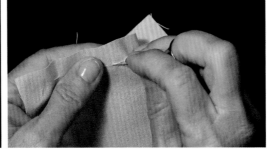

步骤4

缝到面料末端时，回缝一针。

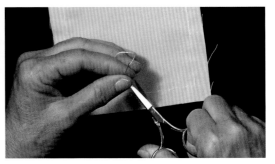

步骤5

将绣花针从面料的另一面穿出，并翻转贴花布，留下1.3cm的线尾，剪断绣花线。

步骤6

修剪四个角，防止角落面料堆积太厚。从四个角落分别剪掉6mm的面料。

步骤7

将面料的缝份折叠向下，并用手指按压四周缝线。

步骤8A

下一步，沿着折边向下3mm进行粗缝来固定缝头。首先，使用10号密缝针，从贴花布反面中心位置进针。

步骤8B

缝一针针距为6mm的平针，确保贴花布四角平整。相较于手缝针，密缝针更短，因此更易于缝制贴花布的四个角。

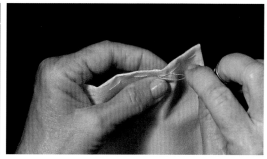

步骤8C

缝到面料末端时，回缝一针并将针从另一面缝出，剪断绣花线。

步骤1

准备缲贴花所需的面料，用丝线穿过8号手缝针/绣花针，并将丝线的末端打结。

步骤2

接下来，将丝线从美国进口的一种线蜡中穿过，其有助于丝线更加容易穿过面料，还能保证丝线顺直。与其他线蜡不同，该产品不会附着于面料上，在缝制前也无需熨烫。

步骤3A

将贴花布放于棉帆布的中心位置，确保贴花布的丝缕方向与棉帆布一致。

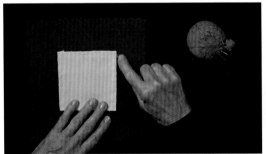

步骤3B

请勿担心可以看见贴花布四角的缝头，在缝制时，它们将会隐藏起来。

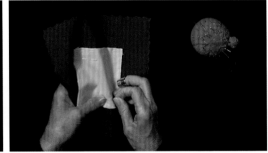

步骤4A

在正面用大头针将贴花布的两个位置与棉帆布固定在一起。

步骤4B

翻转棉帆布，在其反面再用大头针将贴花布的两个位置与棉帆布固定在一起。将大头针插在面料的反面不会影响在面料正面缲贴花。

步骤4C

将棉帆布翻转至正面，取下从正面插进的大头针。

步骤5A

开始缲贴花，从面料反面进针开始缝贴花布，这样线结就会藏在面料的下面。

步骤5B

参照贴花布上的线迹位置，开始缝制第一针。从棉帆布进针再从贴花布的折边边缘位置出针，针距为3mm。

步骤5C

然后，将针拉出，重复以上的过程缝制第二针，针距为3mm，将线结藏在贴花布下边。

步骤6

继续缝制暗缲针，在缝制过程中，用针尖挑开一些缝线。

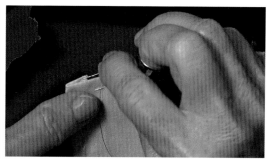

步骤7A

缝制到贴花布的角落时，用针尖将多余的缝头推到贴花布的下面，然后继续缝制。

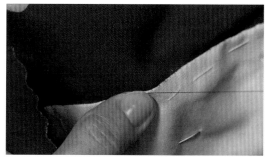

步骤7B

如图所示，缝制的针距都很小且线迹隐藏。此处使用红色缝线进行演示，但在实际服装缝制时，缝线颜色应与面料颜色相匹配。如果服装面料间的颜色不相同，如演示中一样，则缝线颜色应与贴花布的颜色保持一致。

步骤8A

缝制到面料末端时，回缝一针。

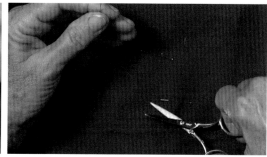

步骤8B

缝制最后一针时，从棉帆布的反面出针。然后在棉帆布上单回一针，针距为1.3cm，并剪断缝线。

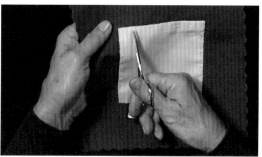

步骤9

移走大头针，将棉帆布翻转到正面，剪断并移走贴花布上的缝线。

步骤10

到此为止，缲贴花已经完成。

三角针

工具和用品

- 麦尔登呢;
- 马尾衬;
- 1号绣花针;
- 珍珠棉线。

本章节中，将学习如何使用三角针把马尾衬与麦尔登呢缝制在一起。

服装定制缝纫师及服装设计师通常采用该针法来缝制高级服装，也可以使用该针法来缝制服装底摆、接缝，以及夹克衫和外套的贴边和衬里。

模块1:
课程准备

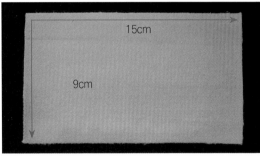

步骤1
准备一块长9cm，宽15cm的麦尔登呢。

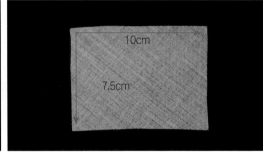

步骤2
准备一块长7.5cm，宽10cm斜裁的马尾衬。

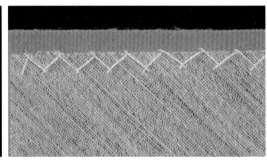

步骤3
接下来，将演示如何使用三角针把马尾衬与麦尔登呢缝制在一起。

步骤4
演示中，为了便于观察线迹，使用珍珠棉线和1号绣花针进行缝制。珍珠棉线比普通棉线更粗，通常用于刺绣或者装饰线。
在实际服装缝制中，需要选择细棉线或者丝线和8号手缝针。

步骤5A
首先，将马尾衬放于麦尔登呢的中间位置，并用大头针将两层面料别合在一起，如上图所示。

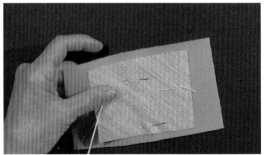

步骤5B
将缝线穿过针眼并在缝线末端打结，采用平针沿着宽度的中心线缝合两层布料，固定住马尾衬。

步骤5C

在精细的手缝过程中，使用假缝比大头针更加方便。缝到面料末端时，先回缝一针并剪断缝线，留下1.3cm的线尾。然后，移走大头针。

模块2：

缝制三角针

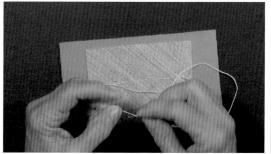

步骤1A

首先，将缝线穿过针眼。然后，将缝线绕着针尖绕三圈。

步骤1B

用手指将绕线沿着针和缝线向下拉到线尾，打一个结。

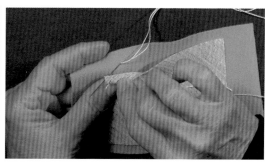

步骤2

如果习惯使用右手，则与演示过程一样，自左向右缝制三角针。首先，将针从马尾衬及麦尔登呢中间，距离马尾衬边缘6mm的反面进针。

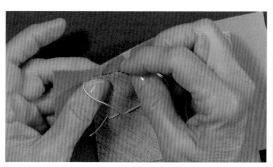

步骤3A

向左用缝针从麦尔登呢中挑几根纱线，将针挑出。

步骤3B

垂直于线迹拉出缝线。

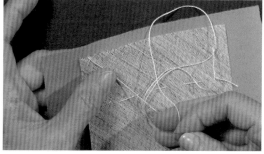

步骤3C

然后交叉线迹，从马尾衬进针，并用拇指按住缝线。

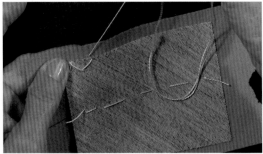

步骤4

这一针仅缝在马尾衬上，针距为3mm，与前一针之间的距离为1cm，这一针请勿碰到麦尔登呢。拉直缝线，再向右缝制下一针。

步骤5A

将针从麦尔登呢中挑出再缝一针，并用拇指按住缝线将其拉出，与上一针相距1cm。

步骤5B

如上图所示，线迹的形状是一系列的"X"字。

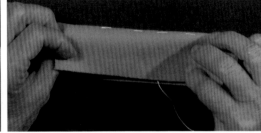

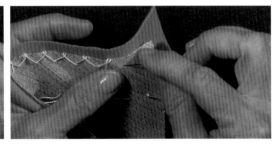

步骤5C

重复以上的过程，将针从麦尔登呢中挑出，以一定的角度交叉，然后在马尾衬上再缝一针，如此反复。在马尾衬上缝制时要注意缝针不要碰到麦尔登呢的任何纱线。缝制麦尔登呢时，绣花针只能穿过面料的一根纱线，并确保该面料正面不露任何线迹。

步骤6A

翻转麦尔登呢至正面，检查正面确保无任何线迹。如果正面出现线迹，则剪断缝线并重新缝制。

步骤6B

请注意，该处不仅没有使用大头针，而且线迹也没有缠绕在一起。三角针常用于缝制服装底摆及夹克/外套的衬里。人们也经常使用它来缝制服装的底边贴边，使其保持平整。

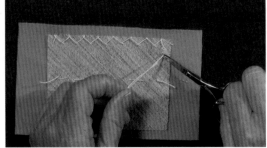

步骤7A

缝到面料末端时，在马尾衬上回缝一针。

步骤7B

然后，隐藏缝线尾端，在靠近最后一针的位置，进针马尾衬。

剪断缝线，现在已经使用三角针将马尾衬与麦尔登呢缝合在一起了。

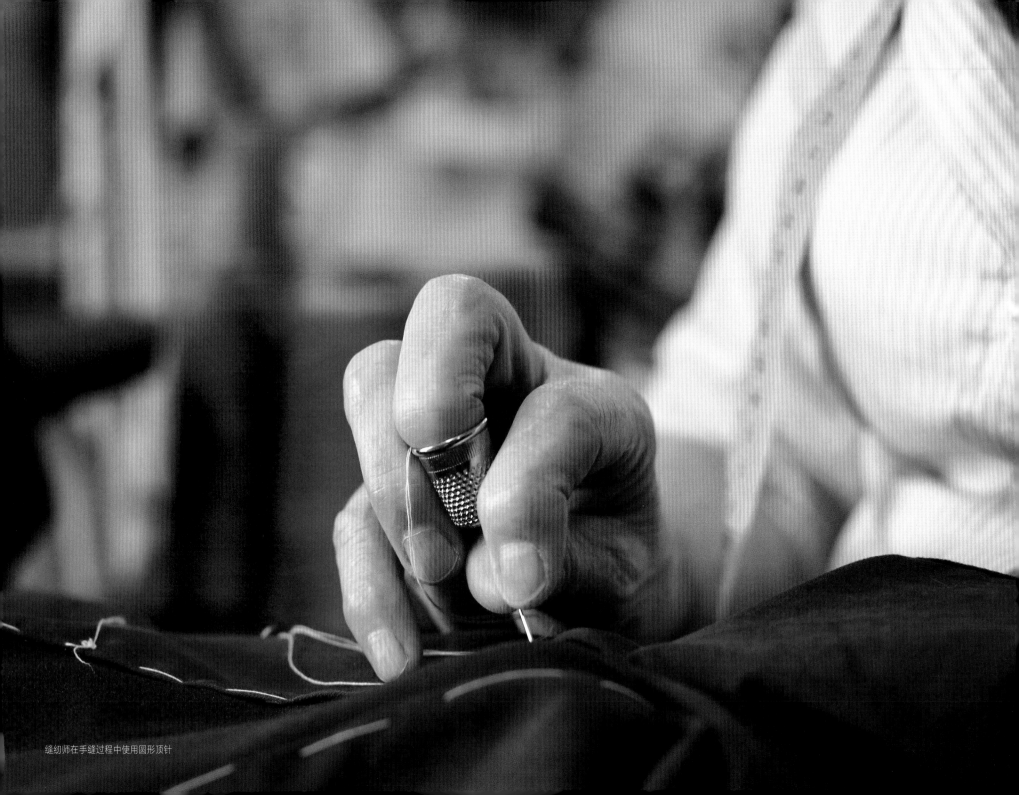

缝纫师在手缝过程中使用圆形顶针

暗迹双环针

工具和用品

- 天鹅绒；
- 8号手缝针；
- 6股绣花棉线；
- 丝线；
- 开口顶针；
- 条纹带。

本章节将学习如何使用贯针与双边环针来缝制服装底摆。

对于易抽丝破损的面料，采用这种针法来缝制服装底摆会让服装显得更加高级。

模块1：
课程准备

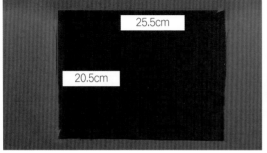

步骤1
准备一块长20.5cm，宽25.5cm的天鹅绒。

步骤2
演示过程中使用6股绣花棉线，但在实际服装缝制中，应该选择与面料相匹配的棉线。演示者戴了一个开口顶针，但也可以选择闭口顶针。

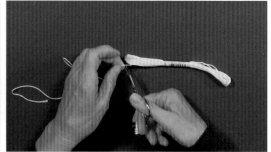

步骤3
将顶针戴在中指上，然后剪出一条长38cm的绣花线。

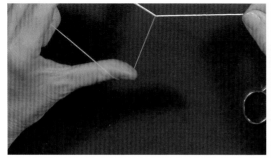

步骤4A
从6股绣花棉线中分出一股棉线。

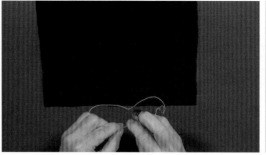

步骤4B
把线穿过8号手缝针，并将线末打结。

步骤5
将天鹅绒面料正面朝下放在桌子上，用白色铅笔或划粉在距宽的底边5cm处画线。

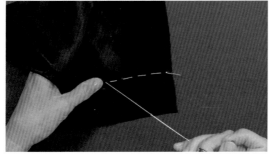

步骤6A

用记号缝沿着底摆折线从面料的一端缝到另一端，此处采用1.3cm间距与2cm线迹长的不均匀记号缝。

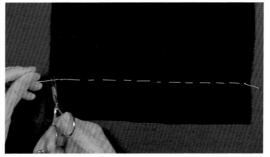

步骤6B

缝到面料末端时，回缝一针，然后剪断缝线。

模块2：

双边环针

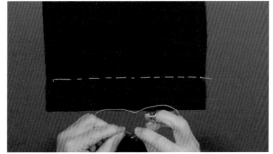

步骤1

首先，将一股绣花线穿过针眼，并在线尾打一个结。打线结时，建议把绣花线绕着针尖绕三圈，然后用手指把绣花线沿着针尖向下推到针尾，拔针拉出绣花线。

步骤2

将天鹅绒面料反面朝上，沿着记号缝线把底边折起来。

步骤3A

如上图所示，用一只手抓住面料，确保底摆沿着记号缝的线迹进行折叠，这样，在缝制时就很容易看到线迹。

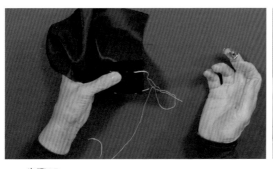

步骤3B

然后，在距离天鹅绒面料折边边缘2cm的位置，从右往左进行假缝，固定底边（如果习惯使用左手，则从左向右缝）。

步骤3C

继续假缝底边，直至面料的另一端。请勿使用大头针来固定底摆，因为它们会在天鹅绒面料上留下针眼。由于天鹅绒面料容易滑动，因此在缝制过程中需要一些辅助缝线来固定布料。

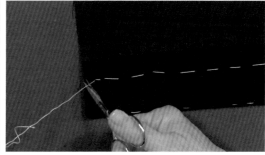

步骤3D

缝到面料末端时，回缝一针，然后剪断缝线。

步骤3E

重新调整天鹅绒面料的位置，使底边的上侧反面朝上。

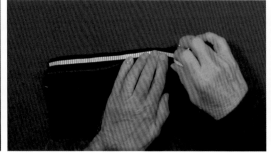

步骤4A

将条纹带贴在距离底摆宽边边缘6mm的位置，确保条纹带贴在面料反面而不是正面，否则撕掉条纹带时，天鹅绒的纱线会同时掉落。同时，条纹带要平行于底摆边缘并保持平整。

剪断条纹带的两端，条纹带可以辅助在缝制过程中控制针距的大小。如果你是一位熟练的缝纫师，则可以忽略这个步骤。

步骤4B

用另一根大约45.5cm长的单股绣花线穿过绣花针，并在线末打结。如果习惯使用右手进行缝制，则从左到右开始缝制双边环针。

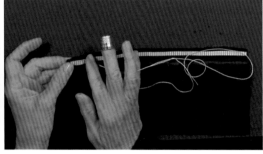

步骤4C

首先，从底摆左端进第一针，从条纹带的第二个刻度线位置进针。

步骤4D

缝合缝线使其环绕底摆边缘，并用食指控制线迹的位置。

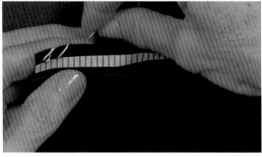

步骤5A

向前两个刻度线缝制第二针（从左到右）。根据条纹带的位置，从面料底端进针，穿过面料，再从面料上面出针，拔针拉线，保持缝线环绕面料边缘并用食指控制其位置。

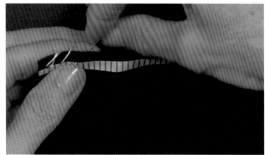

步骤5B

继续缝制第三针。再向前空两个刻度线，根据条纹带的位置，从面料底端进针，穿过面料，再从面料上面出针，拔针拉线，保持缝线环绕面料边缘并用食指控制其位置。

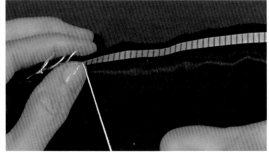

步骤5C

重复上述步骤缝制双边环针的第一条边，请留意演示者是如何控制线迹方向，使其与底摆边缘形成一定的角度。

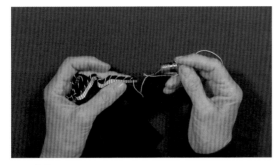

步骤6A

缝到面料末端时，反向缝制双边环针的第二条边。从右到左开始缝制（如果习惯使用左手，则从左到右开始缝制）。

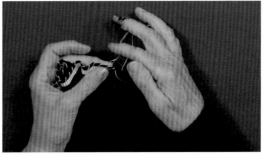

如上图所示，在距离上一针一个刻度线的位置，从面料底端进针缝制第一针。

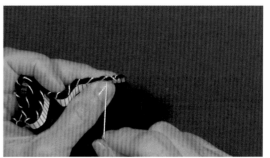

步骤6B

根据条纹带上刻度线的位置，将针穿过面料，拔针拉线，调整线迹位置，如上图所示，线迹形成一个"X"字。

步骤6C

向前一个刻度线，从面料底端进针，穿过面料，拔针拉线，重复以上的过程，缝制双边环针的第二条边。

对于面料边缘容易抽丝的织物如天鹅绒，建议使用双边环针进行缝制。为了减少衣片接缝处面料的抽丝，也可以使用丝线在服装接缝处缝制双边环针。

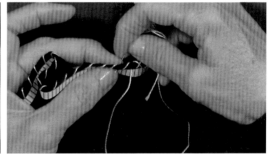

步骤6D

沿着条纹带继续缝制。

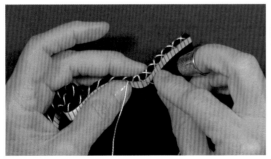

步骤6E

观察图中是如何控制绣花针方向得到一个"X"形的线迹，也可以借助于手指来调节线迹的方向与位置，使其保持均匀一致。

步骤6F

缝到面料末端时，从面料底端进针，穿过面料，从面料上端缝出，拔针拉线。然后，回缝一针，并剪断缝线。

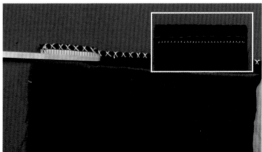

步骤7

轻轻地从底摆处撕掉条纹带，双边环针的线迹如上图所示。

步骤1A

演示过程中，使用丝量100%的丝线来缝制底摆。这是因为丝线光滑纤细，能够轻易穿透面料，故而当移走丝线或者熨烫面料时，它不会在面料上留下痕迹。

步骤1B

为了防止丝线缠结或者断裂，在缝制之前先将丝线穿过"美国进口的线蜡"。与蜡质顺滑剂不同，这种线蜡在缝制完成后，不需要熨烫来去除缝线上多余的蜡质。

步骤1C

用丝线穿过8号手缝针，并将丝线绕着针尖绕3圈，然后用手指将绕线沿着针和缝线向下拉到线尾，打一个结。为了便于演示，丝线的颜色与面料呈对比色，在实际服装缝制中，需要选择与面料颜色相匹配的缝线。

步骤2

首先，如前述缝制底摆时一样，用手抓住底摆。

步骤3

将底摆上边缘向外折叠1cm，并用拇指按住它。

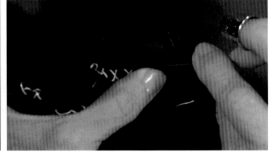

步骤4A

从底摆缝份折边边缘的反面，自右向左开始缝制第一针。

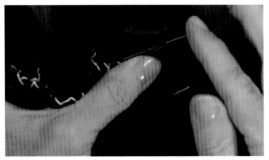

步骤4B

开始缝制下一针，用针穿过下层面料上侧的几根纱线，第二针的位置与第一针处于同一竖线上。要确保第二针未曾穿透面料的正面，否则面料正面会有线迹显露。

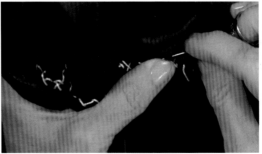

步骤4C

下一针缝在底摆折边的反面，该针与上一针相距6mm且线迹长为3mm。

步骤4D

重复以上的过程，用针穿过下层面料上侧的几根纱线，且针迹与上一针处于同一竖线上，拔针拉线。

步骤4E

然后，在底摆折边处继续缝制下一针贯针。

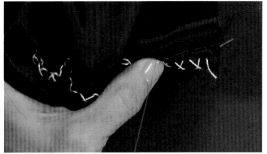

步骤5A

由于演示中使用的缝线为红色，因此能够看见底摆反面的线迹。如果使用与面料颜色相匹配的缝线，则不容易看见线迹，故将这种针法称为贯针。

步骤5B

翻转面料到正面，正面应该不露任何线迹。

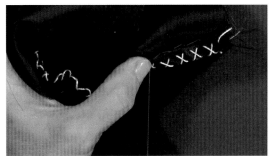

步骤5C

继续贯针的缝制过程，不要将缝线拉得太紧，以防面料起皱。贯针是一种非常牢固的针法，常用于缝制服装的底摆。不同于三角针拥有拉伸性，贯针的拉伸性偏差，因此不能用于缝制针织面料。

步骤5D

缝到面料末端时，在底摆折边处回缝两针。将针从面料正面刺出，然后剪断缝线。

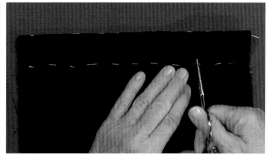

步骤6A

翻转面料，剪断记号缝的线迹，并分段去除线迹。请勿直接将缝线整根拉出来，这样会在面料上留下针迹。

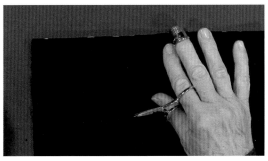

步骤6B

检查面料正面，确保不露任何线迹。

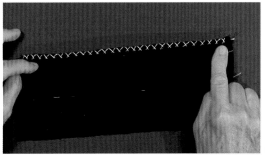

步骤6C

由于面料的反面处于服装的里面，因此允许面料反面可以出现线迹。但是，在高级定制服装中，服装的两面都没有线迹。

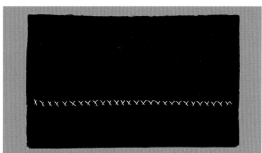

步骤6D

目前为止，已经完成天鹅绒面料的贯针缝制。

套结与线襻

工具和用品

• 麦尔登呢；

• 5号手缝针；

• 珍珠棉线；

• 开口顶针；

本章节将学习两种类型的针法。

第一种针法是套结，它用于缝制纽扣、钩扣及结带。

第二种针法是线襻（法式线圈或者线链），常用于固定服装的腰带，也常用于固定服装的衬里，如夹克的腰襻及底摆处活里与面的连接，或者裤子底摆处活里与面的连接。

84

模块1：
课程准备

步骤1
准备一块长12.5cm，宽10cm的麦尔登呢。

步骤2
将顶针戴在缝制惯用手的中指上。此处，演示者戴的是开口顶针，也可以根据自己的喜好选择闭口顶针。

步骤3
演示中使用珍珠棉线仅是为了便于展示线迹，与普通缝线相比，珍珠棉线偏粗一些。

步骤4A
剪一根长45.5cm的缝线，先将其穿过5号手缝针，然后，把缝线绕着针尖绕两圈。

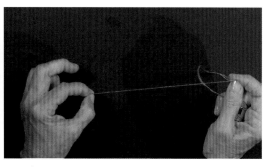

步骤4B
用手指将绕线沿着针和缝线向下拉到线尾，一个结就打成了。

模块2：

缝制套结

步骤1

首先，从面料反面进针，穿透面料从正面出针。

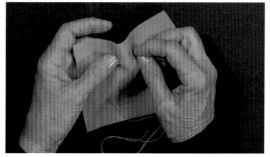

步骤2

如上图所示，在距离针迹2.5cm的面料正面进针，然后再从第一个针迹的位置出针。

步骤3

拔针拉线，保留一个较小的线圈，满足接下来缝制套结即可。现在，已经完成了套结的基础部分缝制。

85

步骤4A

参照上述缝制过程再缝制一针，覆盖上一针。

步骤4B

双层线迹有助于提高套结的牢度。

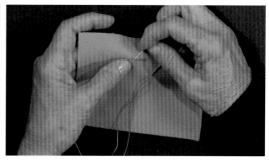

步骤5A

调整面料的位置，使线圈保持水平。从线圈的左边开始缝制，将针穿过线结的下方。

步骤5B

如上图所示，拉直缝线使缝线缠绕线圈。

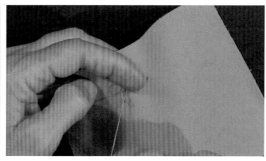

步骤5C

利用食指调整缝线，使其环绕线圈形成第一个套结。

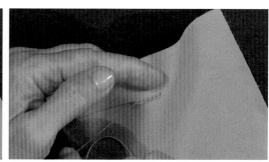

步骤5D

然后，把缝线向左拉紧，固定住线迹的位置。

步骤6A

重复第一个套结的步骤，将针穿过线圈的下方缝制第二个套结。

步骤6B

拉紧缝线，使第二个套结紧紧地缠绕住线圈并紧挨第一个套结。

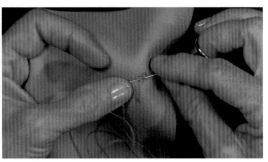

步骤7A

如此往复，直到套结包缠住全部的线圈。

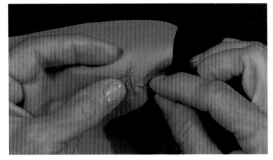

步骤7B

确保在同一个方向上拉紧缝线，调整缝线的位置，使其完全包缠住线圈。

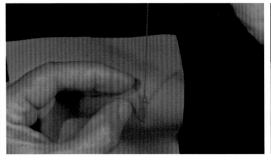

步骤7C

请注意，沿着同一个方向拉紧缝线，使套结的两侧均匀地分布在线圈边缘。

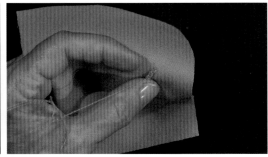

如上图所示，缝线形成一个完美的套结。

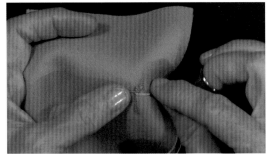

步骤7D

同时也要注意，在缝制套结的过程中，使用拇指按住缝线来调整缝线包缠线圈的方向。套结的长度根据其用途而定，比如用于缝制纽扣、钩扣及其他结带。套结比线襻更加坚固。

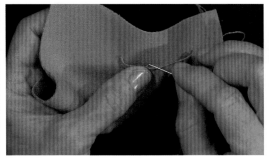

步骤8A

缝到最后一个套结时，将针从线圈末端穿出。

然后，将缝线从面料反面缝出。

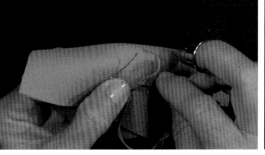
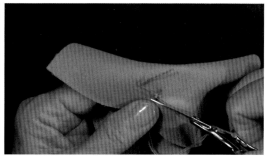

步骤8B

将面料翻转至反面，将针穿过线圈的下方，使其缠绕线圈，拉直缝线打一个结。

如果缝线缠绕在一起了，请用针尖将其分开。

然后，剪断缝线。

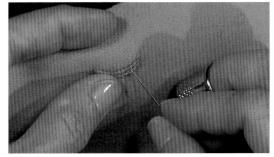
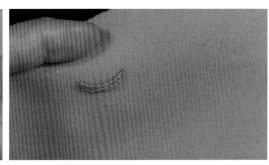

步骤8C

如上图所示，如果发现线圈上存在空隙，则使用针尖拨动缝线，使其覆盖线圈空白位置。

步骤8D

目前为止，已经完成套结的缝制。

模块3:

缝制线襻

小技巧:

线襻也常叫法式线圈或者线链。

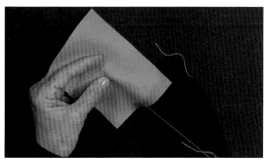

步骤1

与缝制套结步骤一样，先用一根46cm长的珍珠棉线穿过缝针，并在缝线末端打一个结。然后，开始缝制线襻。

步骤2

第一针从面料的反面进针，穿过面料，从面料正面出针。

步骤3

将针缝入面料，然后在距离第一个针迹2mm的地方出针形成一个线圈，为了便于演示，此处的针距略长。

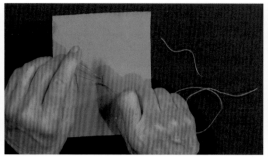

步骤4A

将缝线穿过第一个线圈。

用另一只手的拇指和食指抓住缝线。

步骤4B

当把缝线从第一个线圈中穿过时，拇指和食指上的缝线形成第二个线圈。

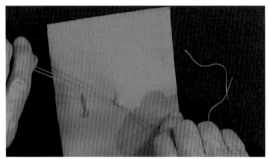

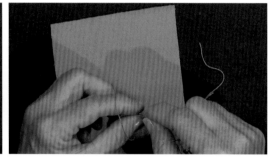

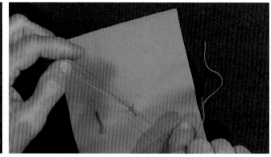

步骤5A

拉大第二个线圈，使其可以容纳下拇指和食指，然后用拇指和食指抓住缝线。

步骤5B

一只手拉着缝线，与另一只手放线配合，放下手上套住的线圈，边拉边收，形成一个线襻。

将缝线拉成另一个线圈，缝制下一个线襻。

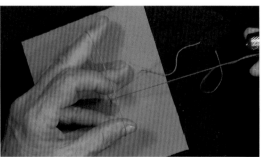

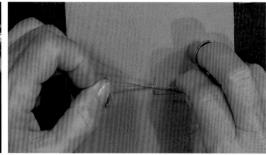

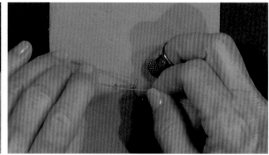

步骤6A

将缝线穿过上一个线圈，形成一个线襻和一个新的线圈，如此往复。

步骤6B

当拉动线圈形成线襻时，该线襻应该紧挨着上一个线襻。可以渐渐地看到线襻的形成过程，其过程与钩边和绣花相似。

步骤6C

重复收拉线圈形成线襻的过程，直到线襻的长度达到需求，在拉线襻时请确保把缝线拉紧。

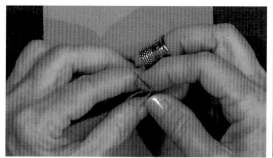

步骤7A

线襻长度足够时，将针穿过最后一个线圈。

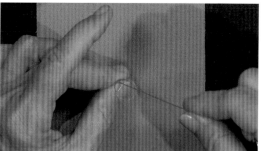

步骤7B

把缝线穿过线圈并拉紧。

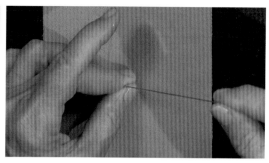

打结。

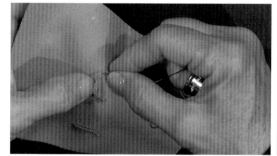

步骤8A

以腰襻为例，根据腰带的宽度决定腰襻的高度，确保腰带能够从中穿过。

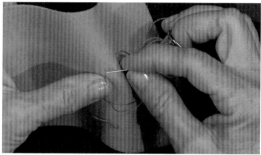

步骤8B

确定腰襻的位置后，用拇指按住线襻并用缝线将其固定。

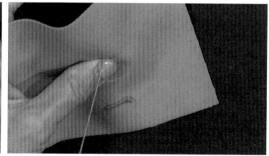

步骤8C

在面料正面缝制一针来固定线襻，针距较小。

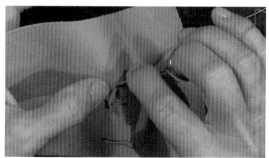

步骤8D

将缝线穿过面料，再缝一针加固线襻。

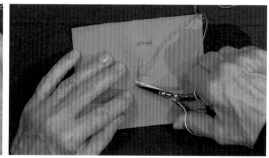

步骤9A

从面料的反面出针，并剪断缝线。

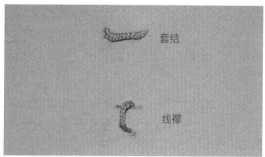

步骤9B

目前为止，已经完成线襻的缝制。

环针

工具和用品

- 麦尔登呢；
- 8号手缝针；
- 珍珠棉线；
- 开口顶针；
- 条纹带。

本章节将学习手缝针法——环针，用来缝制高级定制服装的衣片边缘及底摆。

如果缝纫技术不够熟练，则可以借助条纹带来确定针迹的位置，有助于针距保持均匀统一。

模块1：
课程准备

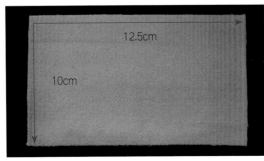

步骤1
准备一块长10cm，宽12.5cm的麦尔登呢。

步骤2
将开口顶针戴在缝制惯用手的中指上，演示中，使用珍珠棉线和8号手缝针进行缝制。

步骤3A
首先，把缝线穿过针眼。然后，将缝线绕着针尖绕三圈。

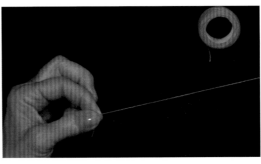

步骤3B
最后，用手指将绕线沿着针和缝线向下拉到线尾，打一个结。

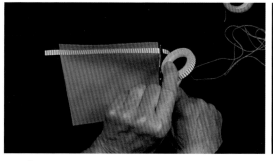

步骤1

在距离面料长度边缘1.3cm的位置贴条纹带,确保条纹带平行于面料边缘,然后剪断条纹带的两端。

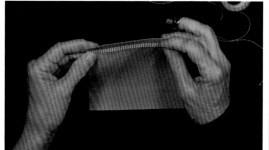

步骤2

从面料的左侧开始缝制环针(如果习惯使用左手,则从右侧开始)。

步骤3A

在条纹带第1个刻度线的位置,从面料的反面进针。

步骤3B

用拇指和食指控制缝线位置,将其缠绕住面料边缘。

步骤3C

根据条纹带上的刻度线位置,向前两个刻度线,从面料反面进第二针。

可以根据个人的喜好选择刻度线来确定针距大小。

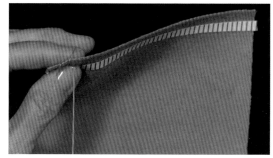

请注意演示者缝制过程中线迹的倾斜方向。

步骤3D

用拇指和食指控制缝线位置,将其缠绕住面料边缘,然后前进两个刻度线,从面料反面进针缝制第三针,如此往复。

步骤3E

继续缝制面料,请注意演示者是如何调整线迹,使其保持同一倾斜方向,且间隔均匀。缝制过程中,请勿将缝线拉得太紧,以防面料起皱。环针常用于防止服装衣片边缘及底摆的抽丝。

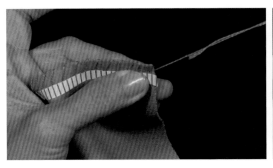

步骤4A

　　缝到面料末端时，回缝一针，将针从面料反面缝出并剪断缝线。

步骤4B

　　用手指调整线迹位置，使其分布均匀。

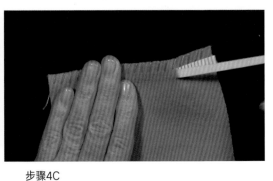

步骤4C

　　撕掉条纹带，并用手抚平面料上的绒毛。

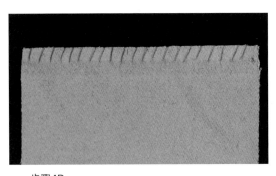

步骤4D

　　目前为止，已经完成环针的缝制。

锁针

工具和用品

- 麦尔登呢；
- 1号绣花针；
- 珍珠棉线；
- 顶针；
- 三角形划粉；
- 条纹带。

锁针多用于缝制夹克、外套、袖子及口袋处的装饰线或者其他需要特殊处理的服装部位。

接下来，演示这种装饰性针法的缝制过程及技巧（借助条纹带来保证线迹的均匀整齐，条纹带还能够加快服装缝制过程）。

模块1：

课程准备

步骤1

准备一块长15cm，宽9cm的麦尔登呢。

步骤2A

在距离面料长度边缘1cm的位置，用三角形划粉画出一条标记线。

步骤2B

然后，旋转面料，在距离面料宽度边缘1cm的位置，用三角形划粉画出一条标记线。

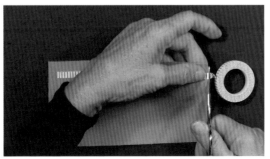

步骤3A

沿着面料长度边缘标记线粘贴条纹带，并剪断条纹带的两端。

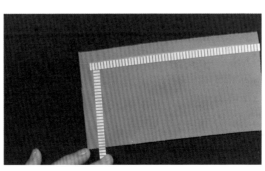

步骤3B

然后，沿着面料宽度边缘标记线粘贴条纹带，修剪掉多余的条纹带。

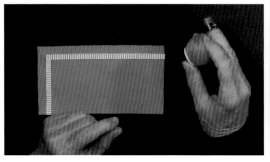

步骤1A

将顶针戴在缝制惯用手的中指上,演示中,珍珠棉线的颜色是面料的对比色。珍珠棉线比普通缝线更粗,常用于刺绣或者装饰线。

步骤1B

用一根长46cm的珍珠棉线穿过1号绣花针。然后,将缝线绕着针尖绕三圈。

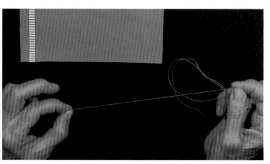

最后,用手指将绕线沿着针和缝线向下拉到线尾,打一个结。

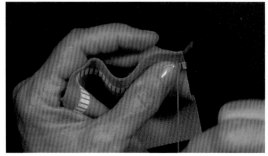

步骤2A

开始缝制锁针,在条纹带第二个刻度线的位置,从面料反面进针,穿过面料从正面出针,拔针拉线。

步骤2B

然后,在距离第一个针迹3mm的位置,将针垂直于条纹带从面料的反面进针。

拔针拉线,保留一个小线圈。

步骤2C

如上图所示,将针穿过线圈。

拉直缝线,使线迹紧紧环绕面料的边缘。

步骤3A

左手食指和中指拉住缝线,右手开始缝制下一针。向前两个刻度线,从面料的反面进针缝制完成第一针。

步骤3B

将针穿过线圈，然后在条纹带的第三个刻度线处拉出缝线。

注意观察线迹是如何锁住面料边缘的。

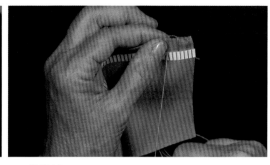

步骤4A

继续向左前进三个刻度线，从面料的反面进针，然后穿过线圈缝制下一针。

可以根据自己的喜好决定线迹之间的间隔，线迹之间的距离通常是一致的。不要忽略拉缝线，这将增加缝线对面料的拉力。

调整线圈的位置，使其与面料边缘对齐，可以使用针尖沿着面料边缘调整线圈。

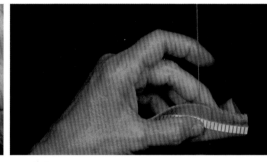

步骤4B

当缝制几针后，如果觉得从面料正面进针更加方便的话，则可以从正面缝，此时要注意缝针是如何穿过线圈形成面料锁边的。

步骤4C

锁针常用于夹克、外套、披风、口袋、袖口边缘，或者其他一些需要装饰的服装边缘。人们也常用该针法来缝制扣眼，这种情况下的线迹更紧；也可以使用丝线、棉线或者毛线来缝制锁针，从而增加服装的装饰性。

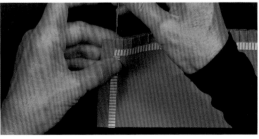

步骤4D

如果缝线长度不够缝制完成面料，要保留足够的缝线长度能将针从面料反面穿出。

从最后一针的底端进针。

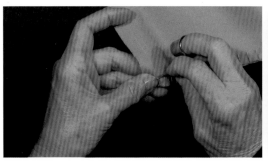

回缝一小针固定缝线。

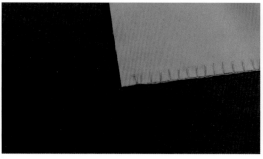

然后，剪断缝线。

步骤5A

用针尖调整最后一针的位置。

步骤5B

然后，从面料反面的边缘进针，距离上一针3mm。

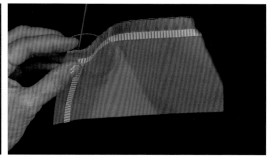

在该针迹的下方从面料正面进针，从面料反面出针，保留一个线圈。然后，将针穿过线圈，并向上拉紧缝线。

步骤5C

拉紧缝线后，从面料正面进针缝制下一针——演示中正好位于面料的角落。如上图所示，将缝线穿过线圈并拉紧完成缝制。

步骤5D

为了防止面料角落抽丝，需要在角落缝制锁针。

如上图所示。

用缝针和手指调整线迹使其分布均匀。

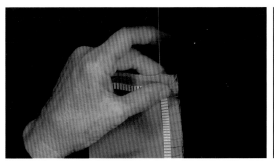

步骤5E

从面料反面进针缝制下一针，也可以从面料正面开始缝制，这取决于自己的喜好及方便性。

步骤5F

缝到织物末端时，将面料翻到反面，回缝一针。

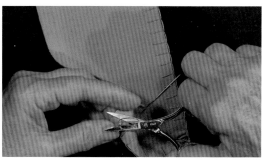

然后，剪断缝线。

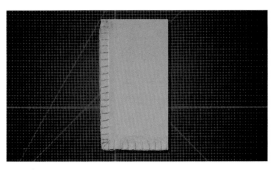

步骤5G

目前为止，锁针已经缝制完成。

拱针

工具和用品

- 麦尔登呢；
- 1号绣花针；
- 珍珠棉线；
- 条纹带。

本章节将学习如何使用小技巧来更加简便高效地缝制拱针。

拱针可以用于各种面料的缝制，常用于夹克、外套的领子和翻领，以及口袋和袖口边缘的装饰。

模块1：
课程准备

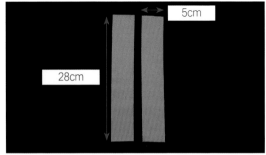

步骤1
准备两块长28cm，宽5cm的麦尔登呢。

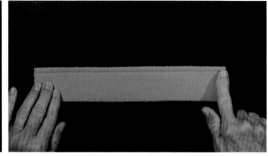

步骤2
如图所示，两块麦尔登呢的长边已经缝合在一起，缝份为6mm。

步骤3A
用手指将缝份打开。

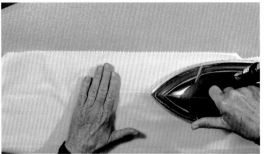

步骤3B
在面料上覆盖一块垫布，用蒸汽熨斗熨烫缝份使其分开并保持平整，待面料冷却后取下垫布。

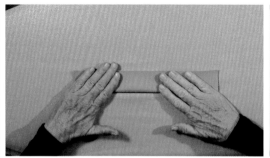

步骤4
然后，折叠面料使其反面相对，且缝迹居中并外露面料边缘。

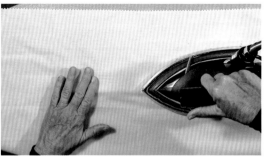

步骤5A
确保缝迹居中且外露面料边缘后，在面料上覆盖一块垫布，使用蒸汽熨斗熨烫接缝，使其保持平整。

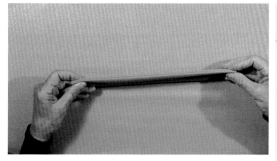

步骤5B

待面料冷却后，取下垫布。检查缝迹是否处于面料中心，如果不在中心位置，则重新定位并熨烫。

自我检查

☐ 缝针的类型与大小是否符合缝制要求？

☐ 缝制服装时，顶针是否对我有帮助？

☐ 大头针和缝针是否尖锐？

☐ 缝线的粗细程度是否与面料相匹配？

☐ 手缝过程中的针距是否准确？

模块2：

缝制平针

步骤1

用大头针在距离衣片边缘2cm的位置将两层面料别合在一起，确保接缝位于面料中心位置。

步骤2

然后，用珍珠棉线穿过1号绣花针，在距离衣片边缘1.3cm的位置将两层面料假缝在一起。

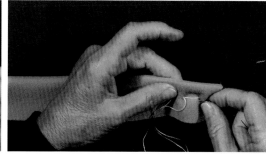

步骤3A

采用针距为1.3~2cm的平针进行缝制，缝制过程中移走大头针。

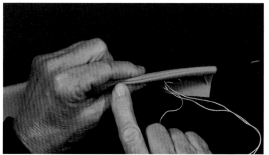

步骤3B

确保接缝始终位于中心位置。

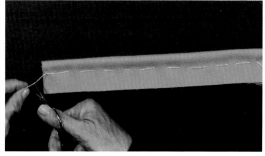

步骤3C

一直假缝到面料的末端，回缝一针并剪断缝线。

步骤4

再次确认接缝是否居中，如果不居中拆掉缝线调整接缝的位置直至居中。

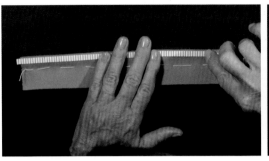

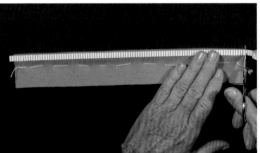

步骤1A

如上图所示，沿着面料的边缘粘贴条纹带，并确保条纹带位于面料边缘。与在面料边缘画一条标记线相比，粘贴条纹带更加有助于缝制拱针。

步骤1B

当条纹带覆盖全部面料边缘后，剪断条纹带。

步骤2

为了便于演示，此处使用偏粗的珍珠棉线，且其颜色是面料的对比色，也可以选择其他较粗的缝线或者锁纽孔丝线来缝制。缝线的颜色可以与面料相匹配，也可以形成反差。

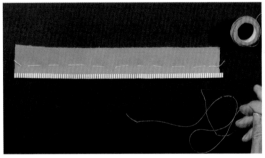

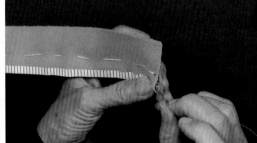

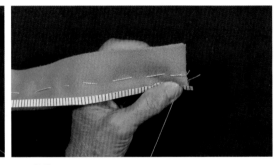

步骤3

首先，把缝线穿过针眼，然后，将缝线绕着针尖绕三圈，并用手指将绕线沿着针和缝线向下拉到线尾，打一个结，缝线的长度要能够确保缝制完面料。

步骤4A

借助条纹带来控制线迹，从面料末端的夹层中进针。如图所示，演示者习惯使用右手，因此她从右到左进行缝制。

步骤4B

在距离面料右端1.3cm左右的刻度线位置，从面料反面进针，穿过面料从正面出针，拔针拉线，线结藏于两层面料之间。

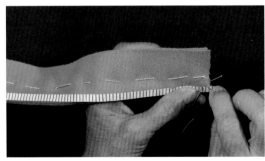

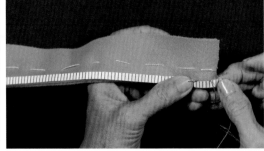

步骤5A

回缝一针，根据条纹带上的刻度线确定针迹的位置。退后1个刻度线从面料正面进针，仅穿过上层面料。

步骤5B

根据自己的需要决定拱针的针距，然后出针。此处缝针前进3个刻度线缝出。

步骤5C

拔针拉线，第一针的针距如图所示。

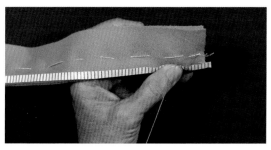 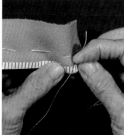 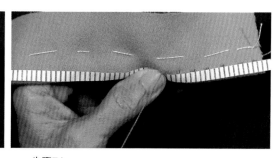

步骤5D

退后1个刻度线进针缝针完成第一针，注意不要缝到下层织物，仅在上层织物上进行缝制。

步骤6

缝制第二针，将缝针退后1个刻度线进针，再前进3个刻度线从面料正面出针，并拔针拉线。切记，所有的缝制都在上层面料进行，请勿穿透双层面料，且缝线不要拉得太紧。

步骤7A

继续缝制拱针，将缝针退后1个刻度线从上层面料进针，再前进3个刻度线从面料正面出针，拔针拉线，如此往复。演示过程中的针距均为3mm，针距之间的距离为1cm，也可以根据自己的需要决定它们的长度。

小技巧：

分层缝制中，缝制层的缝头要比另一层缝头短。

 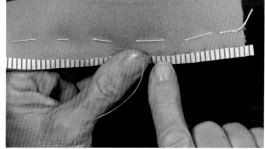 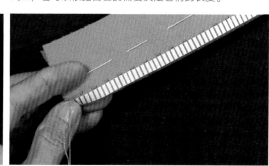

步骤7B

翻转衣片至另一面，检查面料有无线迹，确保未将缝线缝到该面。

步骤7C

拱针在上层面料正面的线迹如图所示。该针法适用于各种面料，如之前所述，可以用于衣领、翻领、口袋及其他服装部位的装饰。

步骤7D

演示衣片中没有内衬，但实际服装缝制中可能会有，此时应该将内衬也一起缝合。如果想获得较明显的线迹，则加长上层缝头并将其与上层面料一起缝制。

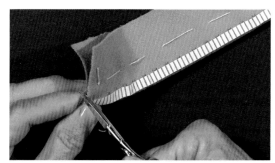 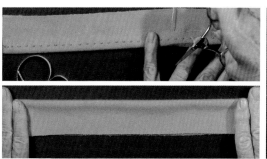 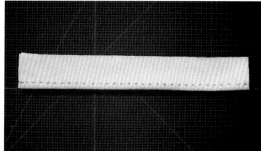

步骤8A

缝到面料末端时，回缝一针并剪断缝线。

步骤8B

撕掉条纹带，剪开云假缝线迹。翻转面料检查另一面，确保其无拱针线迹。

步骤8C

到目前为止，拱针已经缝制完成。

第2章

熨烫

　　制作一件真正看起来很专业的服装，其秘诀在于在制作过程中对缝份的熨烫。在这一章中，将学习包括皮革在内各种织物的熨烫技巧，以及如何熨烫服装的细节。还可以学习熨烫过程中使用的垫布和工具，包括那些特殊的绒毛布料，如天鹅绒和灯芯绒。

　　此外，也将学习如何使用一些相关的工具，如袖馒头、拱形烫木（烫后袖缝、摆缝等的工具）、烫袖板、布馒头和点烫手套。其次，我们还将展示一些能够使领口和袖口都很完美的熨烫技巧。

熨烫缝份

熨烫工具与工艺简介

学习内容

☐ 了解如何熨烫轻质、绒毛类、厚重布料和皮革；

☐ 了解何时以及如何熨烫平直或弯曲的缝份，并且不留下痕迹；

☐ 了解定制服装、尖角处和袖子的正确熨烫技术和方法。

工具和用品：

- 熨斗及烫衣板
- 垫布的种类包括：
- 厚棉布
- 翻角器
- 布馒头
- 烫袖板
- 手套式烫垫

- 用于绒毛织物或天鹅绒的烫板
- 拱形烫木
- 压板
- 真丝欧根纱
- 毛巾布
- 牛皮纸
- 橡皮布（纸板）

模块1：
熨烫轻薄布料

步骤1

首先，测试熨斗的蒸汽温度，确保它不会太热。可以在熨烫衣服之前，先在布料样品上进行测试。

步骤2

非常轻的欧根纱垫布可用于任何轻质或真丝布料，因为可以透过透明纱看到下面的服装布料，然后用少量蒸汽轻轻熨烫即可。

小技巧：

选择正确的熨斗温度至关重要，错误的温度设置可能会烧损、烧焦或熔化衣物，因此请务必先使用垫布在样布上对布料进行测试。

熨斗温度设置包括：

人造丝/棉/亚麻 高温（190~230℃/375~445℉）

羊毛/丝绸/涤纶 中温（148℃/300℉）

锦纶/丙烯酸/醋酸酯

低温（135~143℃/275~290℉）

模块2：
熨烫绒毛布料

步骤1

当在熨烫天鹅绒和灯芯绒等绒毛布料时，需要使用专门用于绒毛织物或天鹅绒的烫板。

步骤2A

把带绒毛的那面朝下放在烫板上。

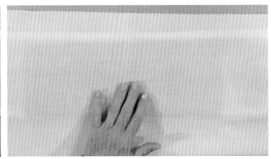

步骤2B

用中等克重的垫布熨烫，同样可以透过这块垫布看到下面的布料。

步骤2C

用蒸汽轻轻熨烫布料，确保不要直接向下压烫。

步骤3

如果没有专门用于绒毛织物或天鹅绒的烫板，可以用毛巾布代替。

然后如前所述用蒸汽熨烫布料。

模块3：
熨烫毛料和厚重布料

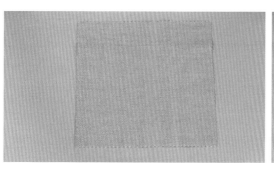

步骤1
当熨烫羊毛或任何厚重的布料时，需要使用较厚重的垫布。

步骤2
像这种斜纹垫布是很好的选择。

步骤3
用大量的蒸汽熨烫。

模块4：
熨烫皮革

步骤1A
熨烫皮革时，用牛皮纸代替垫布。

步骤1B
用牛皮纸覆盖皮革，用干熨斗熨烫。

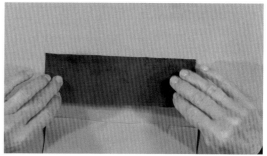

步骤2A
如果确实需要使用蒸汽，首先把皮革翻过去，将反面朝上。

步骤2B
用牛皮纸盖上，然后用蒸汽进行熨烫。

小技巧：
皮革服装的缝份可以先烫开再黏平，也可以烫开再压明线。在压烫皮质服装的正面时，一定要使用牛皮纸。

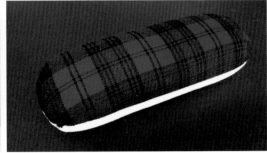

步骤1

在缝制后，一定要熨烫缝份。

始终在布料背面熨烫缝迹。

步骤2

使用拱形烫木压平缝份，这样不会在布料的正面留下痕迹。

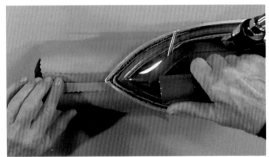

步骤3

用手指将缝份按压在拱形烫木上，并用蒸汽熨烫。

步骤4

如果没有拱形烫木，熨烫之前在缝份中放置两块橡皮布（纸板）。

如图所示，熨烫后的布料正面没有任何痕迹。

小技巧：

在制作期间熨烫服装，尤其是缝份，对于获得专业外观的最终效果至关重要，相应地，这也会使缝制过程变得更容易。一旦服装制作完成后就不再方便去熨烫缝份、衣领和口袋这些细节区域了。

步骤1

在做一件剪裁讲究的服装时,例如外套或夹克,在缝制后,布料背面所有的缝份都必须用蒸汽烫平。

步骤2

用手指先将缝份分开。

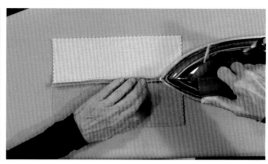

然后用蒸汽熨烫。

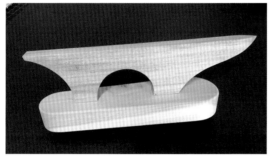

步骤3

确保手边也有压板,这种木块能够使缝份光滑并且能吸收蒸汽中的水分。

步骤4

首先将缝份(可能是翻领或夹克的边缘)向内翻。

步骤5

在上面放一块较厚重的垫布,然后用大量蒸汽熨烫。

步骤6

现在用压板用力向下按压,直到布料变干。

小技巧:

带有翻角器的压板是非常实用的工具,可用于熨烫难以触及的缝份或衣物的任何区域,例如口袋、下摆和衣领。喷以大量蒸汽进行熨烫,并将压板保持在该区域,直至冷却。

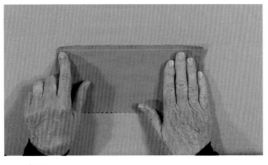

步骤1

在制作袖口、衣领或任何带拐角的衣块时，边缝边烫是很重要的。

用蒸汽熨烫背面所有的缝份。

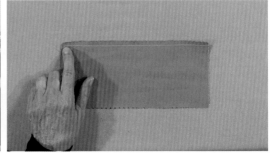

步骤2A

需要一个翻角器才能方便进入这样的拐角。

步骤2B

会在压板的边缘发现类似的翻角器。

步骤3A

将布料的拐角套入压板的翻角器，用手指按压使其嵌套完全。

步骤3B

现在用熨斗的蒸汽进行熨烫。

沿着整条缝份进行熨烫。

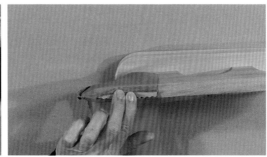

步骤3C

将所有沿着拐角部分的接缝理顺，转到另一边，对准翻角器。

然后用蒸汽进行熨烫。

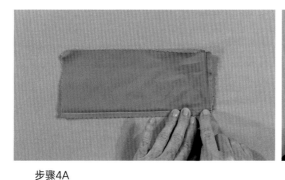

步骤4A

当制作任何带有直角或棱角的部件时，都需要在正面熨烫它。

步骤4B

修剪拐角的缝份以减少此处的体积，不要离缝线太近，适中就好。

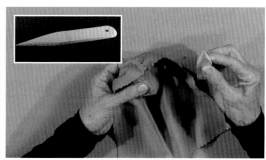

步骤4C

拿一个类似图中所示的小的翻角器。

步骤4A

当制作任何带有直角或棱角的部件时，都需要在正面熨烫它。

步骤4B

修剪拐角的缝份以减少此处的体积，不要离缝线太近，适中就好。

步骤4C

拿一个类似图中所示的小的翻角器。

步骤4A

当制作任何带有直角或棱角的部件时，都需要在正面熨烫它。

步骤4B

修剪拐角的缝份以减少此处的体积，不要离缝线太近，适中就好。

步骤4C

拿一个类似图中所示的小的翻角器。

步骤4A

当制作任何带有直角或棱角的部件时，都需要在正面熨烫它。

步骤4B

修剪拐角的缝份以减少此处的体积，不要离缝线太近，适中就好。

步骤4C

拿一个类似图中所示的小的翻角器。

109

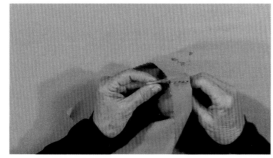

步骤4D

将它塞进服装部件的拐角里，慢慢推动翻角器，调整角的形状，直至角圆顺美观。

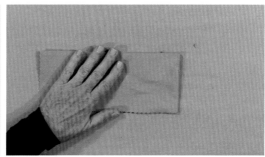

步骤4E

将这块布料翻到正面。

步骤4F

使用垫布和蒸汽进行熨烫。

模块8：

熨烫弯曲缝

小技巧：

布馒头可以用来熨烫其他的弯曲缝，如袖窿、褶边和裆缝。

步骤1

要熨烫一个弯曲缝，例如这件紧身胸衣的公主线，需要一个布馒头。

步骤2

布馒头的曲线形状为弯曲缝的轮廓提供了熨烫支撑。

将衣片弯曲缝的正面紧贴在布馒头上面。

步骤3

用蒸汽进行熨烫。这里展示的布料是白坯布，所以不需要垫布。

步骤4

一定要用垫布盖住任何精良的细布。

模块9：
熨烫衣袖

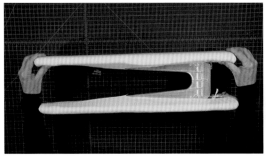

步骤1

在熨烫袖子或衣服时，如果不想在任何部位留下折痕，请使用烫袖板。

步骤2A

将烫袖板套入衣袖或缝份所在位置。

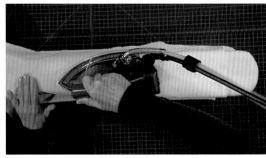

步骤2B

用垫布盖住，使用蒸汽进行熨烫。

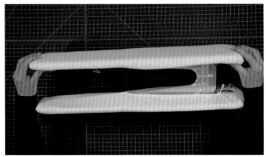

步骤3

烫袖板有两面，通常一面宽一面窄。

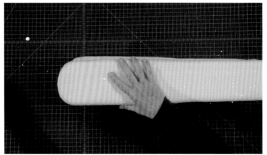

步骤4A

烫袖板的较宽部分用于熨烫袖山。

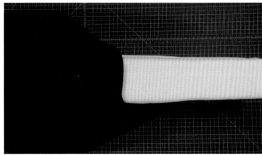

将袖山置于烫袖板的宽边上。

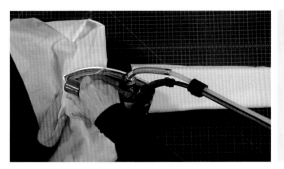

步骤4B
用垫布盖住使用蒸汽再次进行熨烫。

小技巧:

　　烫袖板的两端都是有用的。较窄的一端可用于熨烫袖口、下摆开口和领口等狭窄部位,较宽的一端用于熨烫袖山或衣服上任何有弯曲缝的地方。

模块10:

点烫

步骤1A
有时候,需要点烫衣服上的一小区域。

步骤1B
手套式烫垫在这里很有用,把手伸进手套式烫垫里。

步骤2A
手套式烫垫一侧有衬垫,将手套式烫垫放入要熨烫的衣服区域下方,使带衬垫的一面朝上。

步骤2C
在不接触衣服的情况下,用少许蒸汽轻轻熨烫。

自我检查

- ☐ 是否准确地设定了熨烫布料的合适温度?
- ☐ 使用压板时是否给予了足够的蒸汽和压力?
- ☐ 使用布馒头的时候缝份是否被完全打开并烫平?
- ☐ 是否使用了垫布、烫袖板和手套式烫垫?

第3章
衬布、内衬、
填充层和里布

本章将介绍衬布、内衬、填充层和里布，并解释它们之间的区别以及它们在服装中的使用方式和原因。

衬布用于服装的特定区域以提供结构和支撑，将了解多种可用的衬布类型，以及如何选择适合服装的衬布，还将阐明填充层和内衬之间的区别，并再次介绍可选用的各种类型。

当要加里布时，选择合适的布料至关重要，因此，这里我们介绍了多种选择，以便于每次都能做出明智的选择。

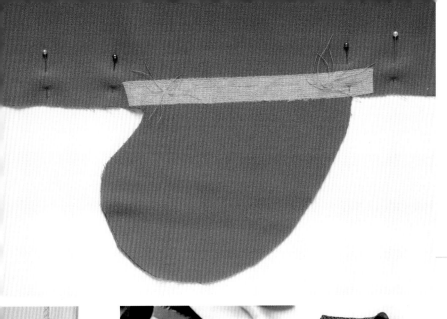

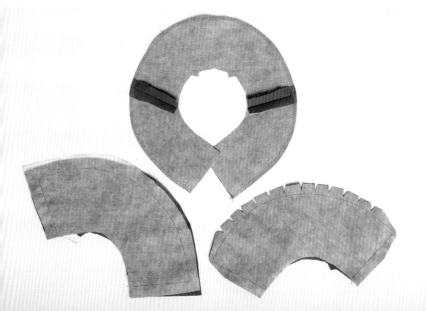

服装上衬布、内衬、填充层及里布使用的部位

衬布、内衬、填充层和里布的简介

学习内容

- [ ] 了解什么是衬布，所有可用的不同类型衬布以及它们的用途；

- [ ] 通过收缩和预缩测试准备衬布；

- [ ] 比较和使用不同类型的内衬；

- [ ] 加入填充层保暖，并确定其主要类型；

- [ ] 从可用的不同选项中选择里布，包括专用里布。

什么是衬布？

衬布是一种用于服装内部特定区域的材料，它可以为衣领、袖口和口袋等部位增加形状和结构，或者在接缝、领口和饰面等区域起到固定作用。最合适的衬布使用后将增加服装身骨而不会让服装显得臃肿。

部位名称

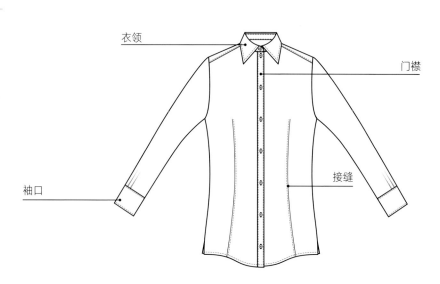

衣领

门襟

袖口

接缝

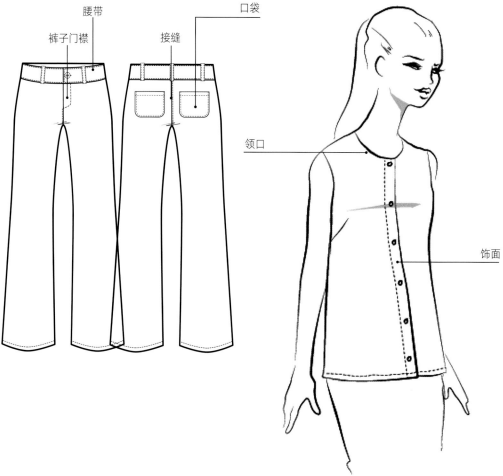

腰带

裤子门襟

接缝

口袋

领口

饰面

衬布的种类

　　衬布可以是梭织的、非织造的或针织的，在其制造中使用的纤维含量可以是不同的，它也有不同的幅宽。此外，可以购买可黏合的或不可黏合的衬布（如果是后者则必须缝进去）。

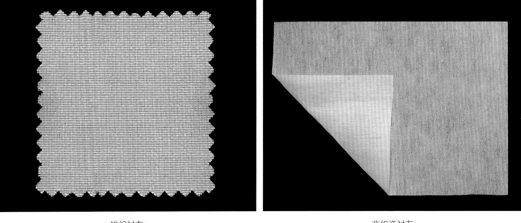

梭织衬布　　　　　　　　　　　　非织造衬布

针织经编衬布　　　　　　　　　　针织纬编衬布

　　大多数衬布都是黑色、木炭色或白色，但也有其他颜色可供选择，要选择一个与服装面料相匹配的衬布。这些衬布也有不同的克重，从轻薄到厚重。因此，再强调一次，一定要选择最适合服装面料的衬布类型。

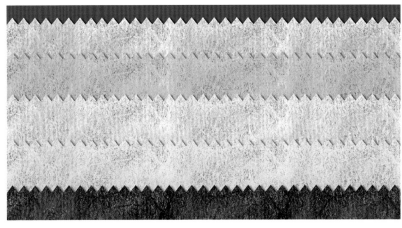

衬布带

衬布和黏着剂也可以生产成带状，以卷的形式出售。裁取这些做成带状的衬布远比从更大的一整块衬布上裁下来方便得多。它们有不同的宽度和颜色，有梭织/非织造和可黏合/不黏合的，用于加固接缝、底边、口袋、拉链、扣眼或其他需要固定的区域。

衬布的选择

选择衬布时，一般规则是比服装面料轻薄一点。此外，可黏合衬的身骨和硬度通常比不可黏合衬好。

还需要考虑纤维含量、保养说明以及衬布与服装面料的结构类型。例如，不要在针织服装上使用梭织衬布，因为它会限制面料的拉伸。但是可以在梭织的服装上使用针织衬布。

始终记得要测试几种不同的衬布，从而找到一种悬垂性和手感（感觉）最适合的。双手握住面料和衬布可以了解它们组合后的感觉。还需记住，可黏合衬布在熨烫后会增加一些硬度。

PEllon®可黏合衬条

不可黏合（缝入）斜切裁剪衬布

衬布选择必须与面料纤维含量和保养说明匹配

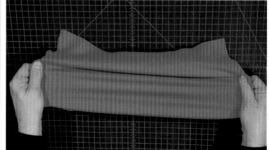

不能在弹性针织衫上使用梭织衬布

测试衬布的匹配性

缩率测试

在使用之前，应始终对任何衬布的收缩情况都进行测试——有些衬布在挤压、洗涤或干洗时会收缩，不要只依赖保养说明。

在这里，我们准备了两块预缩布料，每块长12.5cm，宽10.5cm。还有一块未经处理的衬布，长12.5cm，宽10cm。

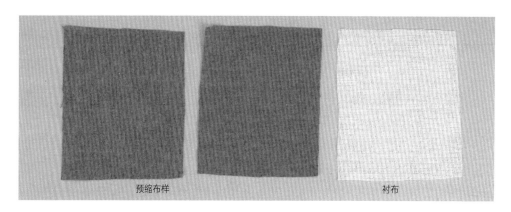

预缩布样　　　　　　　　　　　　　　衬布

现在，我们将使用中温到高温垫上垫布将衬布熨烫到其中一个预缩布样上。如果要测试可熔衬，注意带胶的一面朝下，与布料的反面相对，以使其黏附在布料上而不是熨斗上。

现在，我们将未经处理的布料样本和经压烫的衬布样本进行比对，以检查收缩率。此处，压烫的布料有点收缩，所以我们在裁剪前需要预缩这款衬布。无论是梭织、非织造或针织，还是可黏合和不可黏合的类型，都应进行此项测试，而且也要确保只在预缩织物上做该项测试。

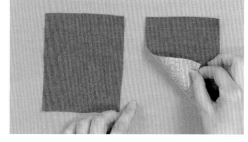

预缩衬布

要预缩不可黏合的衬布，请在热水中用手洗涤衬布，然后将其晾干或在干衣机中干燥。

尽管可黏合的衬布不大可能收缩，但如果确实需要预缩可黏合衬布，则可将其浸入温水中并只能进行晾干。预缩可黏合衬布时，避免过热，否则将使衬布背面的胶黏剂失效。

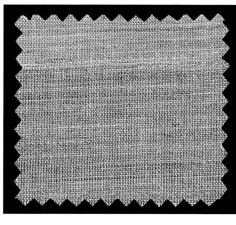
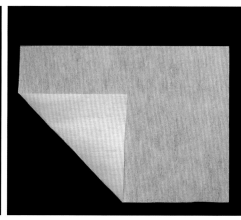

什么是梭织衬？

梭织衬是一种类似于织物的材料，具有纵向和横向纹理。梭织衬通常在与服装纹理相同的方向上进行裁剪，有时也可以斜裁，以实现更柔和的效果。

梭织衬的种类

在选择衬布时，有多种克重、质地和纤维成分可供选择，因此请重点考虑达到的形状、结构或加固程度，以及衬布与服装面料的匹配性。

用于轻质布料的轻质梭织衬

如果要连接轻质或透明织物，则可以采用同料衬（换句话说，即使用与服装本身相同的材料），或者选择网状面料、蝉翼纱、真丝欧根纱、棉质薄纱或棉麻绸。

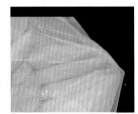  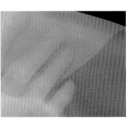

网状面料　　　　　蝉翼纱　　　　　真丝欧根纱

小技巧：

仅当布料不厚也不重时，才可以使用服装外层面料作为服装的衬布，因为衬布通常比外层面料轻，但透明织物除外，因此首选同料衬。

棉质薄纱　　　　　棉麻绸

用于中等克重布料的轻质梭织衬

对于中等克重的布料，根据需要的硬度，可以选择棉麻绸、细平布，甚至是柔软的衬衫布、柔软的哈罗布，或柔软的细布（印花布）。在做出最终决定之前，一定要多测试几种衬布。

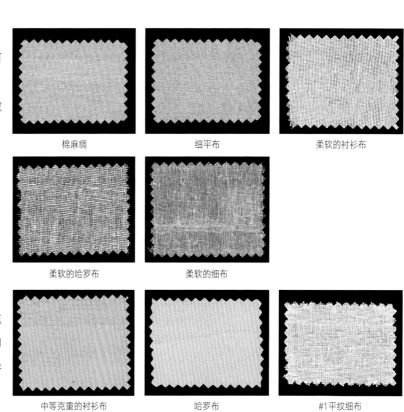

棉麻绸　　　　　　细平布　　　　　　柔软的衬衫布

柔软的哈罗布　　　　柔软的细布

中等克重的衬布

有许多中等克重的衬布可供选择，包括中等克重的衬衫布和哈罗布、#1平纹细布（中等克重的印花布）、轻质的爱尔兰亚麻布和轻质的毛衬布（参见下文）。

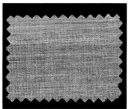

中等克重的衬衫布　　　哈罗布　　　　　#1平纹细布

毛衬

毛衬，包括黑炭衬和马尾衬布，用于夹克和外套的接口区域，有多种克重和纤维可供选择。海马尾衬布传统上是马海毛和亚麻的混合物，在今天则被用来描述所有的混毛帆布。

轻质的爱尔兰亚麻布　　　轻质的毛衬布

黑炭衬

黑炭衬的幅宽在76~188cm之间，它有多种混合形式。其构成的纤维之一是动物毛（通常是山羊毛），一般被编织成纬线，其具有一定的弹性，有助于保持服装的版型并增加挺阔度。

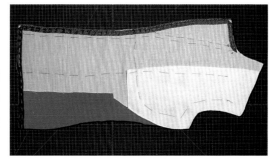

马海毛/亚麻

某些黑炭衬，如此处所示的中等厚重类型，由人造丝、棉、山羊绒、涤纶纤维和羊毛组成。厚重混纺衬还包括人造丝、山羊毛、棉和涤纶纤维的混纺。

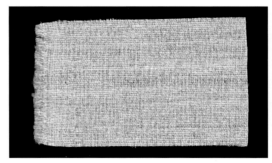

中等克重黑炭衬

（39％人造丝，26％棉，20％山羊绒，11％涤纶纤维，4％羊毛）

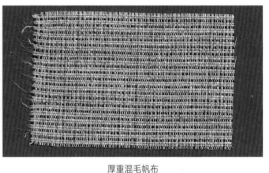

厚重混毛帆布

（43％人造丝，26％山羊毛，23％棉，8％涤纶纤维）

马尾衬

马尾衬（有时也称为毛布）是羊毛或棉与马鬃和尾毛的混合物。织入纬纱的马尾毛是这种类型的帆布宽度最大可达56cm的原因，因为这种粗大的毛发会让织物弹性增加。注意在此示例中，布料的两端就是马尾毛纤维。

马尾衬

其他厚重梭织衬

除了毛衬外，其他厚重的衬布还包括较硬的衬衫布和卡罗布。还有帆布、粗布或厚重的爱尔兰亚麻布作为衬布的，这些在外套中特别受欢迎。

硬衬衫布

硬卡罗布

帆布　　　　　粗布　　　　　厚重的爱尔兰亚麻布

硬质梭织衬

如果想要获得非常挺阔的外观，请选择中等克重或非常挺阔的硬麻布。硬麻布是一种编织粗糙的材料，它用一定的上浆量来增加其成型后的硬度。

 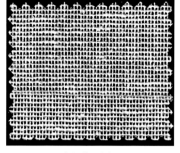

中等克重硬麻布　　　　　　挺阔的硬麻布

模块3:

非织造衬布

什么是非织造衬?

非织造衬是通过将人造纤维黏合或毡合制造形成的。非织造衬比梭织和针织衬更易断，可以干洗或机洗。PEllon®是典型的非织造布，尽管PEllon®没有布纹方向，但在经缕和斜向上都可拉伸。

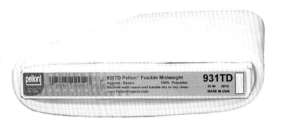

PEllon®非织造衬布

小技巧:

双面可黏合衬将两层织物黏合在一起，最常用于下摆、纫缝或制作配饰。

非织造衬的类型

非织造衬有多种纹理和克重，从超薄到轻质、中等克重、厚重和坚硬型。非织造衬是最容易使用的衬布类型，特别是对初学者来说，最流行的是可熔的形式，甚至还有双面可熔的选择。

 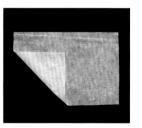

超薄非织造衬　　　　　　轻质非织造衬

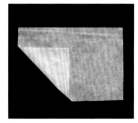 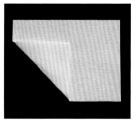

中等克重非织造衬　　　　　厚重非织造衬

什么是针织衬?

　　这种类型的衬布由针织机械制造而成，具有伸缩性，因此常用于弹性布料。经编衬布具有最大的拉伸量，纬编衬布在斜裁时具有最大的拉伸量。与梭织和非织造衬一样，也有不同的克重可供选择。

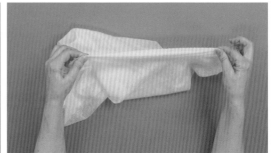

经编衬 　　　　　　　　　　　　纬编衬

选择一款针织衬

　　虽然它通常用于弹性布料的衬布，但针织衬也可以用于梭织布料和皮革，以达到更柔软的最终效果。此外，它也有可熔和不可熔两种。

什么是可黏合衬？

梭织的、非织造的和针织的衬布都可以制造为可黏合的。这个过程包括在一面（如果是双面黏合的话即为两面）加入热激活的黏合剂，添加了黏合剂的那面表面会有小突起或粗糙的感觉。

可黏合衬一般不会收缩，也不会像梭织的衬布那样散开，包含可黏合衬的服装也可以水洗或干洗。且可黏合衬的克重不同，从轻量级到厚重不等。

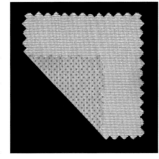

关于可黏合衬的注意事项

将可黏合衬粘到面料上之前，一定要在样布上做一次预测试，这样就可以估计出熨烫的正确温度。温度过高会损坏布料（即使是垫布），但温度过低则黏着剂不能粘合。

与其裁剪单个衬布，不如先将其衬布块烫粘在服装面料上，或者将裁下的衣片直接熔合到衬布上然后进行裁剪，这样做有时会更简易。

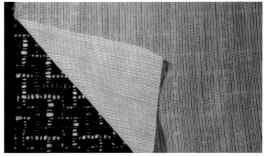

小技巧：

如果衬布起皱了，请将黏合面朝下放在一张羊皮纸上，然后在熨斗和衬布之间放一块垫布，轻轻熨烫。

黏合衬应用实例

将黏合衬带有胶黏剂的一面朝下放在服装面料的反面（可以使用垫布来防止一些黏合剂对熨斗的损害）。

现在，用适当的温度、蒸汽和压力，把黏合衬从里向外均匀地压在织物上，熨烫时施加一定的压力使其粘连牢固。从熨衣板上拿起服装之前，一定要让面料上的衬布冷却。

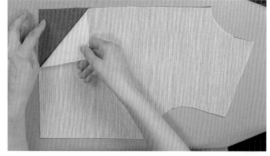

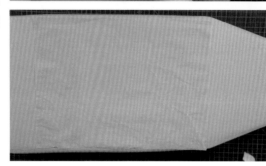

不宜使用衬的情况

当要决定是否使用黏合衬时，应注意以下事项。

不要在热敏材料的服装上使用黏合衬，包括用珠子或亮片装饰的面料，如塑料或人造皮革等材料，有绒毛的织物如天鹅绒、平绒和灯芯绒等。这不仅无法熨烫使其黏合，还会损坏服装面料。

千万不要在弹性面料或任何像蕾丝一样稀疏或松散的面料上使用非织造衬或可熔衬，也不要将用了黏合衬的衣物过度洗涤或干洗，这样会使黏合剂分解。同时也要记住，当黏合衬应用到面料上时，它会变得有点硬，所以这可能不宜用于一些特殊的面料。

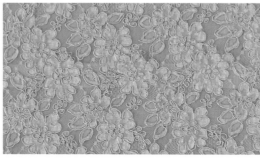
蕾丝

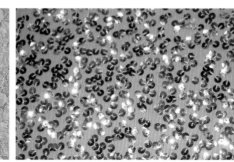
亮片面料

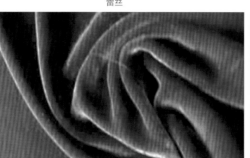
天鹅绒

灯芯绒

什么是衬里？

衬里是用于服装最外层面料里面的材料，使用它有以下几点原因：用一种轻质布料对服装起到：可以固定松散的梭织面料；可以隐藏一些结构细节；可以减少透明面料的透明度，或者在服装的某些区域添加结构。在高端服装上也使用衬里来减少表面的褶皱，与衬布一样，衬里也具有各种克重和质地。

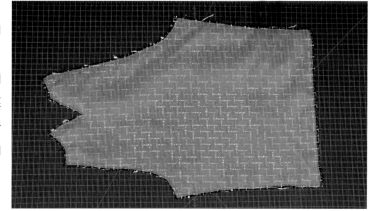

衬里的选择

如果决定要在服装上使用衬里，必须考虑以下事项。与衬布一样，通常选择衬里的规则是，该衬里的克重要比面料小。例外的情况是，当希望让服装增加造型时，可以使用粗麻布之类的衬里。

还需要考虑衬里与面料的匹配性，包括纤维含量、织物保养和结构特点，以及在熨烫、洗涤或干洗后是否会收缩等。

就像使用衬布一样，选择合适的衬里可以使面料的手感变得硬挺。此外，在做出最终决定之前，一定要记得对衬里进行测试实验。在裁剪之前，请始终对服装面料和衬里进行预缩。

关于衬里的注意事项

因为衬里基本上算服装的第二层，所以可以使用与服装本身相同的纸样进行裁剪。

如果使用可熔衬，请参阅可黏合衬应用实例的步骤（见上页）。如果用的是不可熔的，或者是需要"缝进去"的衬里，为了方便起见，请将衬里沿衣块四周缩进3mm。

通常在针织面料上使用针织衬里。例如，如果服装是用弹性针织蕾丝做的，选择一个强力网。与衬布一样，不能在弹性服装上使用梭织衬里，但你可以选择在梭织面料上使用针织衬里。

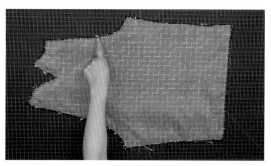

轻质衬里

如果要寻找特别轻巧的衬里，这里有许多不同的选择。

对于欧根纱等透明面料，如果希望使用其自身面料作为衬里，这样可以解决配色难的问题。对于这些透明的材料，也可以使用浅色、黑色和白色或与其颜色相配的柔软英式薄纱或圆眼绢网等。其次，对于版型来说，锦纶网或真丝欧根纱是不错的选择。由于它们不会增加服装的体量，因此这些面料作为那些松散的梭织面料的衬里，是一个不错的选择。

极轻的PEllon®和经编针织物，无论是可黏合的或不可黏合的都是可选的。但是，请勿在透明薄织物或其他黏合剂可能会渗出的织物上使用可黏合衬。

克重轻到中等克重的衬里

为轻质或中等克重的布料加衬里时，正确的选择取决于该布料的匹配性和所需的硬度。当要决定选择可黏合或不可黏合，梭织、非织造或针织衬里时，请参考本章的模块2、3和4。

厚重的衬里

由于其固有的成分，厚重的布料通常不需要衬里。但是，如果有些厚重的布料确实需要固定，那么诸如欧根纱或薄纱之类的轻质衬里是一个不错的选择，因为它们不会增加服装本身的体量。

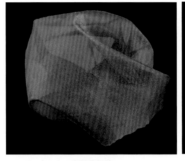
真丝欧根纱

英式薄纱

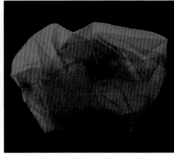
圆眼绢网

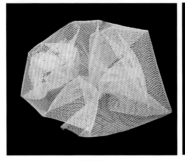
锦纶网

极轻的PEllon®

极轻的经编针织物

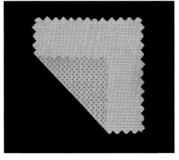
可黏合梭织衬里（折叠）

经编针织衬里

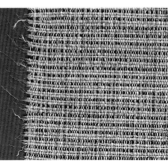
混毛帆布夹克衬里

欧根纱

薄纱

什么是填充层?

填充层是用于保暖的里衬,通常在外层面料和服装里子之间。填充层也可以连接到衣服里子上,以增加保暖性。

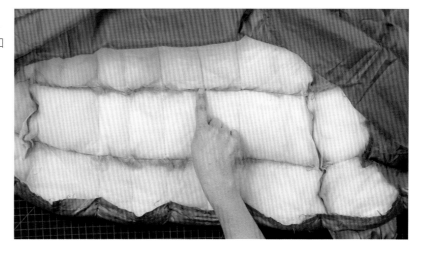

轻质至中厚保暖的填充层布料

有多种填充层可供选择,具体取决于希望服装成品的保暖程度。如果需要最小程度的保暖,可以使用棉绒布或柔软的法国针织羊毛。如果想要获得中等保暖效果,请选择低蓬松度绒布(也有可黏合的)或轻质羊毛。

棉绒布

法国针织羊毛

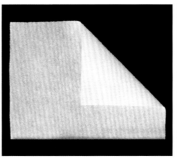

低蓬松度绒布

轻质羊毛

羽绒、羽毛和羽绒/羽毛混合

其他可以保暖的填充层包括羽绒填充物、羽毛填充物和羽绒/羽毛混合填充物。羽绒是水禽的绒毛，通常取自于鹅、鸭或天鹅。羽毛填充物则是由水禽或陆禽外体的羽毛制成。羽绒和羽毛的混合物可能包括90％的羽绒和10％的水禽羽毛、压碎的羽绒或羽绒、涤纶和其他纤维的混合物。

鹅绒填充物

鹅毛填充物

羽绒/羽毛的构造

由羽绒和羽毛混合物制成的服装克重轻，透气，易于压缩，回弹性强，保暖性能好，可机洗和干燥。但是，处理羽绒和羽毛可能有一点难度。因为它们通常以袋装出售，一旦袋口打开就容易散乱飞出，所以很难控制。羽绒和羽毛在服装外层面料和里布层之间。工业上一般会使用特殊的机器进行充绒。

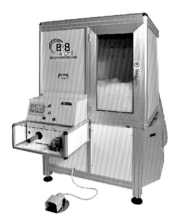

人造保暖产品

其他用于保暖的填充材料包括ThinsulAtE、Poly-Fil和PrimALoFt等品牌销售的人造保暖产品，这些产品有不同的克重、厚度和热阻等级。其中热阻描述了隔热材料阻止热量和水分流离人体的程度。这些材料是防潮的，因此它们可以用于外套而无需预缩。此外，它们也可以机洗、干燥和干洗。

人造保暖产品的选择

保暖产品的纤维成分从100%的涤纶纤维到包括其他人造纤维（例如烯烃类纤维、丙纶、腈纶和芳纶）及它们的混合物。它们的克重和厚度也各不相同。一些产品具有四面弹，而一些产品则非常适合绗缝，中等蓬松的或高蓬松的保暖产品则非常适合外套。当填充物插入绗缝通道时，涤纶填充物和3M公司的保暖材料模仿了绒毛的效果。

薄层

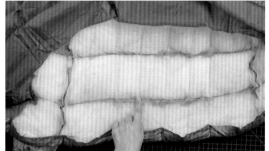

中等克重层涤纶

高克重保暖层

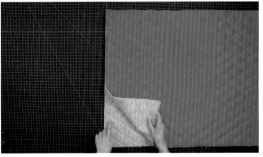

保暖层填充通道

人造保暖品的使用

无论是选择一个工厂规格化生产绗缝织物，还是打算手工缝制面料块，在制版阶段都必须留出一些松量。

松量取决于填充层层数的多少。层数越多，在长度和宽度上就需要增加更多松量。建议先缝制一个测试小样。

工厂绗缝的保暖布料

裁剪绗缝织物之前预留出松量

绗缝人造保暖品

想要将买回来的整块布料先绗缝再裁剪几乎是不可能的，所以最好是先裁各个部件，将各个部件分开绗缝，然后再缝制成完整的服装。建议将每块布料和保暖材料裁成比服装纸样的长和宽都多出7.5cm，然后再绗缝面线。记住要计划好绗缝线在服装上的位置。

布料比样版大7.5cm

在绗缝布料上规划样版的位置

将样版放在要绗缝的布料上，用划粉描出样版。样版再增加5cm的缝份，然后进行裁剪，多出的5cm是以防在试身时需要更多的宽度和长度。对所有的样版重复此步骤。

在每个样版上增加5cm的缝份

模块8：

里布

什么是里布?

里布，顾名思义，就是一种衬在服装里层的材料。它可以与服装的领口、腰带或袖子缝合在一起；底边可以与服装面料固定也可以不固定。里布通常是光滑而有光泽的布料，以便于轻松穿脱。

里布的用途

给服装加里布有很多原因，有时就是用来保暖。通常，在选择里布时应遵循里布比服装外层面料轻的规则。里布还可用于隐藏服装的内部结构，为穿着者带来更多的舒适感。它也可以防止外层面料起皱，并且可以帮助服装保持其版型，同时还可以延长服装的使用寿命。添加由印花、图案或对比材料制成的里布，也可以作为特别的设计细节。

里布的选择与使用

请务必检查所选里布的纤维含量和保养说明，以确保它们与外层面料相匹配。对外层面料和里布材料进行与模块1中相同的缩率测试，必要时对两种材料进行预缩。做里布纸样的时候，一定要增加穿着时的舒适量。

请务必确保选择的里布在功能上与服装相适应。例如，可以给外套选择一件较厚重的里布，不要用梭织材料做针织服装的里布，但可以用针织材料作为梭织服装的里布。

选择透气舒适的里布，并且避免使用不便于穿脱的材料。例如，图中的外套使用了一个光滑的里布，所以当里面穿任何衣物时都可以很方便地穿脱。

透明里布

透明服装是无里布或同料衬的。轻便的衣服可以衬有棉质薄纱、玻璃纱、欧根纱、网眼纱或尚蒂伊蕾丝，以及真丝雪纺、涤纶雪纺和涤纶双乔其纱，但以上这些面料对手臂来说都不易穿脱。对于衣袖，建议使用光滑的替代面料。

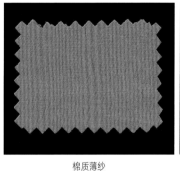
棉质薄纱

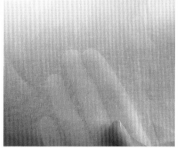
玻璃纱

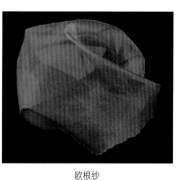
欧根纱

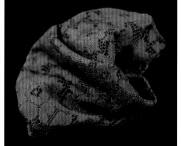
网眼纱

尚蒂伊蕾丝

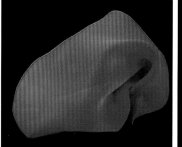
真丝雪纺

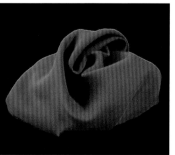
涤纶雪纺

涤纶双乔其纱

轻质里布

　　棉麻和棉布是流行的里布选择，尤其是在印花时，但它们在印花过程中不易滑动。在要求为8姆米时，蚕丝是理想的轻质里布选择，它们都以姆米为单位衡量，姆米数越高，克重越重。

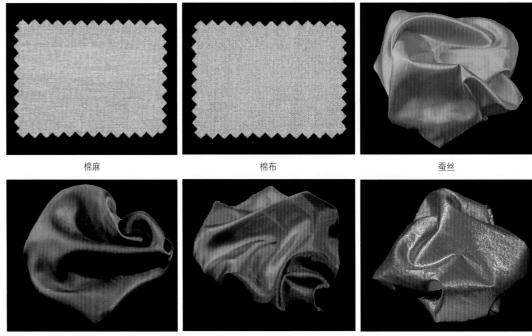

棉麻　　　　　　　　　　棉布　　　　　　　　　　蚕丝

真丝电力纺　　　　　　　涤丝纺　　　　　　　　　薄金银线织物

中等克重的里布

　　中等克重的里布是最受欢迎的里布，可用于礼服、裤子、裙子和夹克，包括真丝绉纱、超细绉纱、真丝双宫绸、人造双宫绸、山东丝绸、丝绸仿缎和涤纶仿缎。

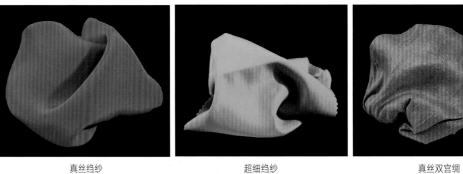

真丝绉纱　　　　　　　　超细绉纱　　　　　　　　真丝双宫绸

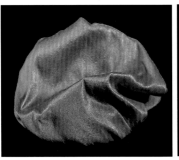

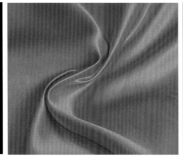
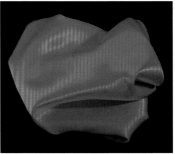
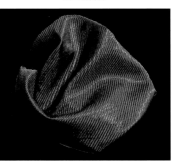

人造双宫绸　　　　山东丝绸　　　　　　丝绸仿缎　　　　　　涤纶仿缎　　　　　　涤纶斜纹布

塔夫绸和中等克重的里布

塔夫绸是一种光滑的平纹织物，可以作为中等克重的里布。真丝塔夫绸是高端服装的绝佳选择。100%的醋酸纤维塔夫绸，比丝绸便宜得多，不耐用。其他中等克重的里布选择（也许是最受欢迎和人们能够负担得起的）是黏纤/醋酸纤维混纺和锦纶/醋酸纤维混纺。锦纶改善了里布的弹性，使其更坚固抗皱。涤塔夫和涤纶混纺的里布，虽然耐用且价格实惠，但透气性不如人造丝和黏胶/醋酸纤维混纺。

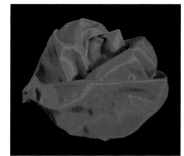

真丝塔夫绸

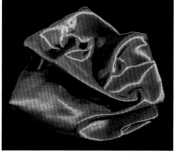

醋酸纤维塔夫绸

黏纤/醋酸纤维混纺

涤纶混纺

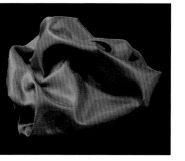

锦纶/醋酸纤维混纺

小技巧：

铜氨丝是一种由棉短绒（最接近棉籽的新纤维）制成的柔软里布材料。

人造丝、黏胶/醋酸纤维和提花里布

彭贝格铜氨人造丝（铜氨纤维）里布是一种人造丝纤维素长丝纤维，由棉绒通过铜铵工艺制成。

由木浆制成的黏胶纤维和醋酸纤维混合织物越来越受欢迎。它们既有立体的也有提花的，例如右图中的面料。此外，印花里布也很受欢迎。

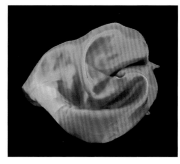

彭贝格铜铵人造丝 100%

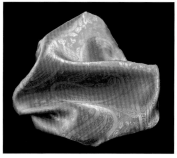

佩斯利 60%黏胶、40%醋酸纤维

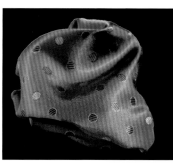

提花点 60%黏胶，40%醋酸纤维

厚重里布

根据想要的保暖程度，有各种布料可供选择。其中由黏纤、涤纶或锦纶混合而成的斜纹织物是最好的选择，因为斜纹织物经久耐用，而且对于中等克重的夹克或外套来说，它的保暖性恰到好处。为了增强保暖性，可以在里布上添加第二层，可以是法国羊毛，也可以选择缎纹编织物，例如此处所示的法兰绒背缎纹织物。为了获得最大程度的保暖，可以考虑使用绗缝里布，如绗缝锦纶/醋酸纤维里布，或针织羊毛。但千万不要给袖子里面衬上羊毛，要用绗缝其他里布代替。

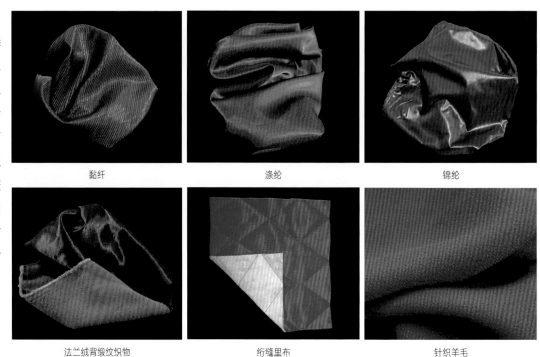

黏纤   涤纶   锦纶

法兰绒背缎纹织物   绗缝里布   针织羊毛

弹性里布

尽管弹性里布通常较贵，但它们确实为穿着者提供了最大程度的舒适性。适宜的弹性里布有强力网眼布、弹性蕾丝、涤纶超细麦克布和真丝弹性缎等。此外羊毛织物是一个不错的选择，只要将它用于衣片而非袖子即可。

强力网眼布   弹性蕾丝

涤纶超细麦克布   真丝弹性缎

专用里布

专用里布有特定的用途，如可黏合软衬用于固定里布或增加服装的整体身骨。在运动服中，运动网眼布用于背心和夹克。在一些性能服装中会使用特殊的织物，例如防潮防过敏层织物以及防热层织物。

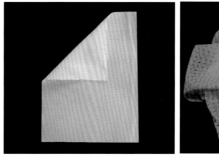
可黏合软衬

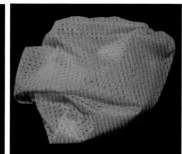
运动网眼布

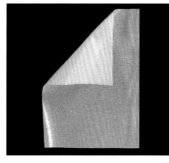
防潮防过敏层织物

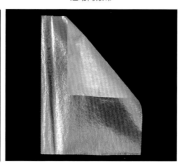
防热层织物

自我检查

☐ 我了解选用衬布前如何测试衬布吗？

☐ 我能弄清楚在一个特定情境下使用哪种衬布以及为什么使用该种衬布吗？

☐ 在制作服装之前，我有没有测试过衬布的缩水率？

☐ 我的衬里是该件服装的最佳选择吗？

☐ 我的里布在克重、外观和保养说明方面是否与我的服装外层面料相匹配？

第4章

缝份的加工处理

选择正确的接缝方式会让衣物悬垂感更好、使用寿命更长，并增加产品的价值。未经处理的缝份有卷曲和磨损的趋势，且会缩短衣服的使用寿命。首先，我们建议对透明轻质面料进行缝份处理。无论是缝制对缝份没有过多要求的裙摆，还是缝制对缝缝要求更高的袖子，都可以根据服装的类型、最终用途以及想要达到的外观来选择使用单线缝纫还是双线缝纫。对于那些需要干净整齐的边缘，请使用来去缝或假来去缝，以快速达到类似效果。

大多数服装是用中等克重的织物制成的，我们展示了中厚羊毛、双面羊毛和棉质服装的各种接缝。将学习最简单的包缝和开骨整理，使用它们可以获得干净整洁的处理效果，也会学习如何缝制用于牛仔裤的平整的接缝。嵌缝、双面缝、搭接缝和港式包缝等特殊接缝都是功能性和装饰性饰面，为服装增添附加值。

轻质面料缝份的处理

学习内容

☐ 学会做基本的单线单边倒缝，并知道何时使用；

☐ 在服装中的受力区域使用双线单边倒缝，并了解何时需要；

☐ 使用封闭式接缝：在透明织物上进行来去缝和假来去缝。

本节内容：

• 单线单边倒缝

• 双线单边倒缝

• 来去缝

• 假来去缝

单线单边倒缝

工具和用品

- 真丝雪纺；
- 适配棉线；
- 大头针。

单线单边倒缝用于透明织物，例如欧根纱、巴厘纱、雪纺和乔其纱。

这种缝份处理最常用于没有受力的透明缝份，例如非常丰满的裙子和多层连衣裙的缝份。如果希望服装上的接缝余量尽可能看不见时，这种缝型也是一个不错的选择。

模块1：
课程准备

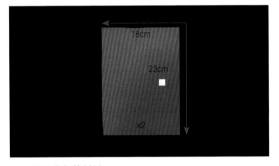

需要准备的材料：
两块真丝雪纺，长18cm，宽23cm，用贴纸标记出布料的反面。

模块2：
制作单线单边倒缝

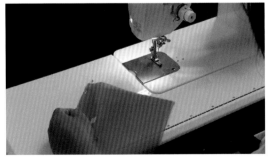

步骤1
首先将面料纵向对齐，正面相对，然后用大头针将它们固定在合适位置。

步骤2
以1.3cm的缝份进行缝制，缝纫时移走大头针。用右手轻轻引导布料穿过机器，但请注意不要拉扯，因为这会导致布料拉伸。注意，出于演示目的，此处使用对比色缝线。

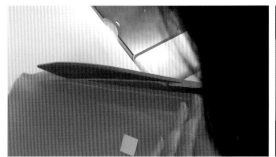

步骤3

用剪刀修剪缝份，距缝线边缘3mm。

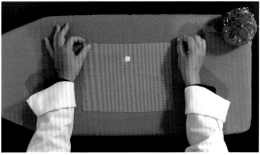

步骤4

在熨烫之前，用大头针将其一端固定到熨衣板上，这将有助于在熨烫时保持接缝呈笔直状态。

步骤5

将布料翻到正面，并顺着一个方向熨烫缝份。

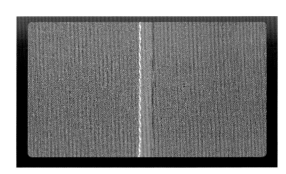

步骤6

图为完成的单线单边倒缝。

双线单边倒缝

工具和用品

- 真丝雪纺；
- 适配棉线；
- 大头针。

双线单边倒缝适用于透明织物，例如欧根纱、巴厘纱、雪纺和乔其纱。

这种缝份处理是透明服装的绝佳选择，尤其是在可能会有受力而且不希望缝线缝隙太明显的区域。

模块1：

课程准备

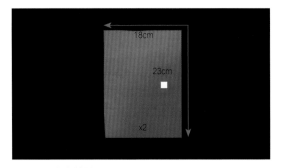

需要准备的材料：
两块真丝雪纺，长18cm，宽23cm，用贴纸标记出布料的反面。

模块2：

制作双线单边倒缝

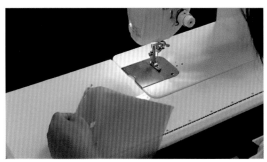

步骤1
首先将面料纵向对齐，正面相对，用大头针将它们固定在适当的位置。

步骤2
以1.3cm的缝份进行缝制，缝纫时移走大头针。用右手轻轻引导布料穿过机器，但请注意不要拉扯，因为这会导致布料拉伸。注意，出于演示目的，此处使用对比色缝线。

步骤3
现在将布料接缝放置在距第一针2mm的地方再次缝纫，在缝制时轻轻地将其引导穿过机器。

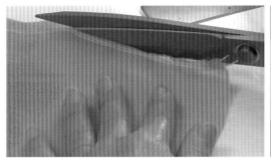

步骤4

下一步是将缝份修剪到第二排针迹附近。

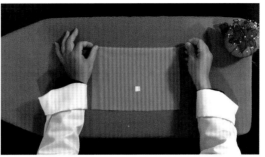

步骤5

在熨烫之前，用大头针将其一端固定到熨衣板上，这将有助于在熨烫时保持接缝呈笔直状态。

步骤6

将布料翻到正面，并顺着一个方向熨烫缝份。

步骤7

图为完成后的双线单边倒缝。

来去缝

工具和用品

- 真丝雪纺；
- 适配棉线；
- 大头针。

来去缝是最重要的缝型之一，也是最漂亮的外观之一，因为未加工的边缘都被遮隐了，它非常适合在透明织物或任何其他轻质材料上使用。

下面讲解如何使用易于掌握的技术来完成此接缝处理。掌握了来去缝之后，将知道为什么它是高级时装缝纫中最受欢迎的缝型之一。

模块1：
课程准备

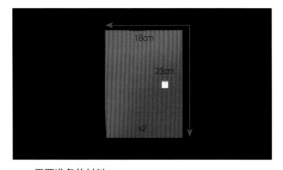

需要准备的材料：
两块真丝雪纺，长18cm，宽23cm，用贴纸标记出布料的反面。

模块2：
制作来去缝

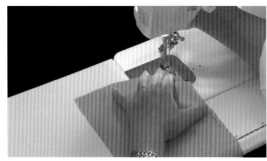

步骤1
首先将面料纵向对齐，正面相对，在适当的位置用大头针固定。

步骤2
以1.3cm的缝份进行缝制，缝纫时移走大头针。用右手轻轻引导布料穿过机器，但请注意不要拉扯，因为这会导致布料拉伸。注意，出于演示目的，此处使用对比色缝线。

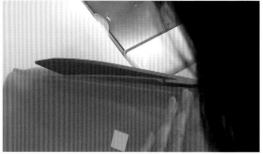

步骤3
将缝份修剪至2mm。

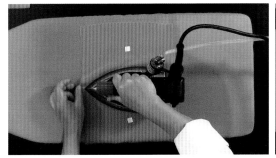

步骤4

将缝份放到布料的反面，然后转回到正面，顺着一个方向熨烫缝份。

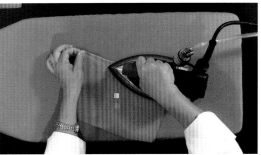

步骤5

在布料反面熨烫接缝，就是将缝份夹在两块面料之间，使得缝线恰好在折痕上。慢慢地熨烫，从而使接缝边缘平直。

步骤6

在距边缘5mm的反面继续缝制，将缝份夹在接缝内。用右手轻轻地将其引导穿过机器。

步骤7

在熨烫反面之前，用大头针将其一端固定到熨衣板上，这将有助于在熨烫时保持接缝呈笔直状态。

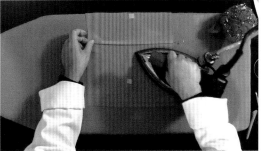

步骤8

将布料翻到正面，并顺着一个方向熨烫缝份。

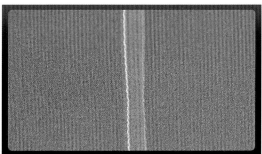

步骤9

图为完成后的来去缝反面。

假来去缝

工具和用品

- 真丝雪纺；
- 适配棉线；
- 大头针。

假来去缝饰面可在不需要人工的情况下形成干净的织物边缘。用于透明织物，如欧根纱、巴厘纱、雪纺和乔其纱。

与本节之前的其他接缝一样，我们将演示缝纫和熨烫接缝的工艺（包括如何在缝纫机上控制好布料）。

模块1:
课程准备

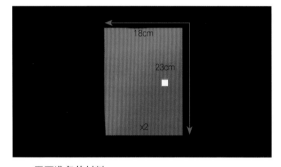

需要准备的材料：
两块真丝雪纺，长18cm，宽23cm，用贴纸标记出布料的反面。

模块2:
使用来去缝

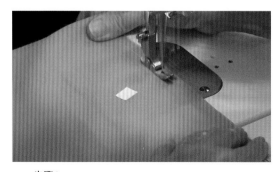

步骤1
首先将面料纵向对齐，正面相对，用大头针将它们固定在适当的位置。然后以1.3cm的缝份进行缝制，缝纫时移走大头针。用右手轻轻引导布料穿过机器，但请注意不要拉扯，因为这会导致布料拉伸。注意，出于演示目的，此处使用对比色缝线。

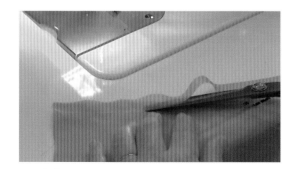

步骤2
沿着面线将缝份修剪到仅3mm，然后将接缝压平。

透明假来去缝饰面，张纬，2014

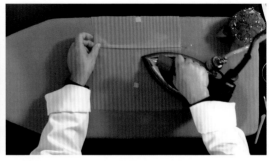

步骤3

将大缝份对折覆住小缝份，然后将布料转到反面，将折叠后的缝份缝制在靠近原始缝线的适当位置。缝制时请仔细折叠缝份，以免扭曲变形。

步骤4

在熨烫前，用大头针将其一端固定到熨衣板上，这将有助于在熨烫时保持接缝呈笔直状态。

步骤5

将布料翻到正面，并顺着一个方向熨烫缝份。

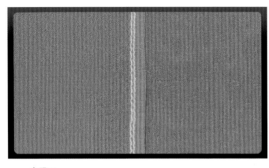

步骤6

图为完成后的假来去缝。

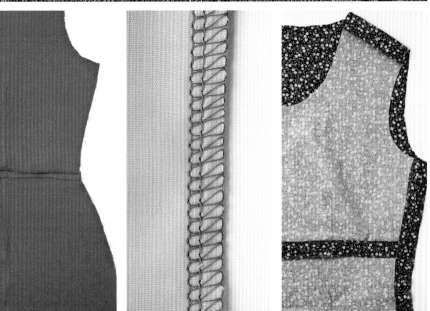

中等厚度面料缝份缝饰面：平接缝（上图）和包边分开缝（下图）

中等厚度
面料缝份的处理

学习内容

☐ 使用封边缝制作平接缝和港式包缝；

☐ 对无毛边或是无脱线现象的面料进行缝制锯齿边分开缝和压缉缝；

☐ 缝制包边分开缝并学会什么时候可以使用它；

☐ 了解专业缝型，制作双面缝和嵌条缝。

本章内容：

- 平接缝
- 港式包缝（滚边包缝法）
- 锯齿边分开缝
- 包边分开缝

- 双面缝
- 嵌条缝
- 压缉缝

平接缝

工具和用品

- 精梳羊毛织物；
- 适配棉线；
- 熨烫垫布/衬布（湿布，熨烫服装时覆盖在上面的布）。

下面将用最简便的方法告诉大家如何进行平接缝。因为这种缝型耐久性好还且易于整理，所以常常会在运动服和外套上使用此种缝型。

平接缝常用在粗斜纹牛仔裤上，采用平缝机缝制。在羊毛或者中厚型面料上，通常用手缝接缝。如果想要运动风格，则需要在衣服表面缝制其他颜色的明线。

模块1：
课程准备

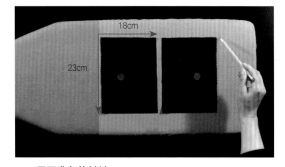

需要准备的材料：
长23cm，宽18cm的两块羊毛面料。用贴纸标记出面料的反面。

模块2：
制作平接缝

步骤1
缝合面料，将两块面料右边对齐，用2cm的缝份进行车线。

步骤2
将缝份分开，左边缝份离线迹0.6cm的距离裁剪缝份。

步骤3
将面料翻转到正面，在面料上覆盖熨烫垫布（湿布），沿同一方向熨平缝份。轻轻地拉面料，让面料的缝合处保持平整。

步骤4A

翻转至面料的反面，然后将缝份较大的一边进行折边，包裹住缝份较小的一边。

步骤4B

将包裹好的缝份置于指尖下，顺着指尖一点点车明线。

步骤5

在面料的反面熨平缝份，然后，再在面料正面铺上熨烫垫布进行熨烫。

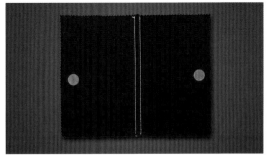

步骤6

平接缝制做完成，反面有两条线迹，正面一条线迹。

港式包缝——滚边包缝法

工具和用品

- 精梳羊毛织物；
- 丝质透明硬纱；
- 适配棉线；
- 熨烫垫布/衬布（温布，熨烫服装时覆盖在上面的布）。

港式包缝是一种精致的制作工艺，多见于那些需要做光边整理并且无里衬的服装上采用，如厚重面料制作的无里衬夹克和外套等。

通过缝制面料小样来说明这种制作工艺，但需要注意的是滚边条需要使用斜料，下面将讲解如何滚边和包住缝份。通常在制作高级时装时，多采用这种制作工艺。

模块1：
课程准备

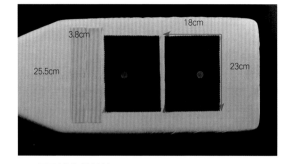

需要准备的材料：
长23cm，宽18cm的两块羊毛面料。两条丝质透明硬纱做滚边，采用斜料，长25.5cm，宽3.8cm。用贴纸标记面料的反面。

模块2：
制作港式包缝

步骤1
缝合面料，将两块面料右边对齐，用2.5cm的缝份进行车缝。

步骤2
将滚条边和缝份边沿对齐，用0.6cm的缝份车缝，左右缝份缝法一致。车缝时不要拉扯滚边条，避免造成面料不平整。若使用百分百含量的涤纶面料做滚边条，会更难处理，也可以采用衬里料来替代透明硬纱。

步骤3
用手指压住面料，将滚边条沿车缝线翻折，利用指甲沿同一方向将缝份压平。

步骤4A

再折叠滚边条，以0.6cm为距离车缝，不要拉正在缝的滚边条，避免扭曲歪斜。车缝线尽量与第一条车缝线重合，或者尽可能的接近第一条车缝线。

步骤4B

在另一边重复以上操作。

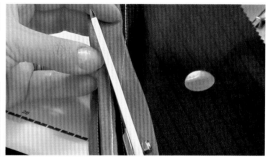

步骤5

翻转至反面，离缝线0.6cm，剪掉多余的滚边条，然后在另一边进行相同操作。

步骤6A

分开缝份，并熨烫平整。

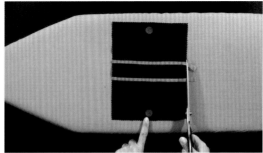

步骤6B

剪去滚边条多余的长度。

步骤7

在面料正面铺上熨烫垫料进行熨烫，使其平整。

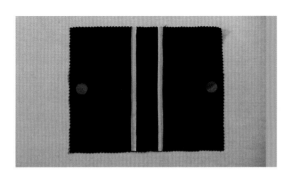

步骤8

港式包缝制作完成。

锯齿边分开缝

工具和用品

- 精梳羊毛织物；

- 适配棉线；

- 花剪；

- 熨烫垫布衬布（湿布，熨烫服装时覆盖在上面的布）。

锯齿边分开缝常用在羊毛面料或者是不易脱线的面料上。

这节课将讲解如何使用花剪进行裁边。相比其他制作工艺，这种工艺方法更容易学会。

模块1：
课程准备

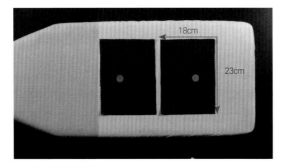

需要准备的材料：
长23cm，宽18cm的两块羊毛面料。

模块2：
制作锯齿边分开缝

步骤1
　　缝合面料，先对齐面料小样的右边，用2.5cm的缝份进行车缝。

步骤2
　　缝份处，距离毛边0.6cm的位置，使用花剪裁剪面料。
为了保证精准度，最好在裁剪前用直尺画线进行标记。

153

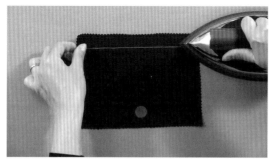

步骤3

将车缝处熨烫平整。

步骤4

将面料小样翻转到反面，分开缝份，并将其熨烫平整。

步骤5

然后再将面料小样翻回正面，铺上熨烫垫布熨烫平整。

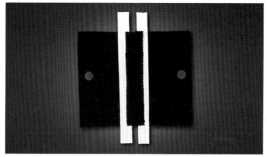

步骤6

锯齿边分开缝制作完成。

包边分开缝

工具和用品

- 精梳羊毛织物；
- 匹配的棉线；
- 熨烫垫布衬布（湿布，熨烫服装时覆盖在上面的布）。

对于下面这种缝型，将会使用到拷边机或者是锁边机，对面料的边缘进行加工处理，适用于中等厚度或者轻薄的织物。

尤其是在面料边沿有所磨损或毛边时，使用锁边机进行处理是很好的办法，这种工艺处理方式常在服装生产中采用。

模块1：
课程准备

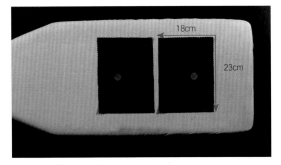

需要准备的材料：
长23cm，宽18cm的两块羊毛面料。

模块2：
制作包边分开缝

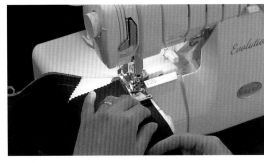

步骤1
用锁边机对面料小样的所有边缘进行锁边处理，处理过程中反面朝上，将面料一点点地往机器里送。最后修剪多余的线头。

步骤2
使用缝纫机，将面料的右边对齐后以2cm为缝份进行车线，并在车缝前用划粉标记出车缝的位置。

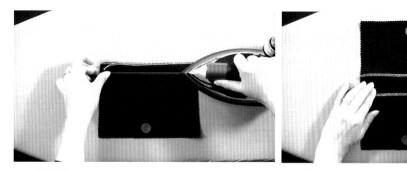

步骤3A

然后对车缝处进行熨烫。

步骤3B

再分开缝份,继续熨烫。

步骤3C

翻转到正面,铺上熨烫垫布再次熨烫平整。

步骤4

包缝分开缝制作完成。

双层面料的缝制

工具和用品

制作双面羊毛需要专业的缝纫技巧和制作工艺。

在下面的课程中，将讲述如何准备和制作双面缝，有助于之后制作可两面穿的衣服。

- 双面羊毛面料；
- 8号针，手工短针和手缝长针；
- 6股棉质绣花线；
- 适配棉线；
- 绣花小剪刀；
- 熨烫垫布衬布（湿布，熨烫服装时覆盖在上面的布）。

模块1：
课程准备

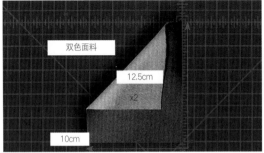

步骤1
准备长12.5cm，宽10cm的两块双面羊毛面料，并且采用双色的双面羊毛作为面料小样。

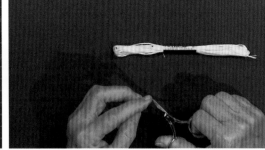

步骤2
在下面的缝制中，会进行一些假缝（粗缝）。所以我们需要使用百分百含量的棉质绣花线。它会比一般的棉线更粗，易于假缝。还需要一对好用的手缝长针和绣花小剪刀。

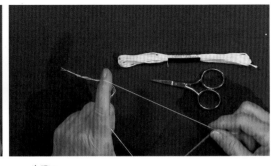

步骤3
拆开一股绣线，再剪出46cm长的绣线，此股线只进行假缝。

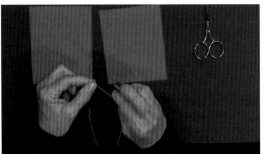

步骤4
用哪只手缝，就将顶针戴到哪只手的中指上。然后，将单股棉线穿过8号手缝短针，再将其打结。

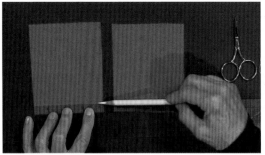

步骤5A
用直尺和白色铅笔标记缝份，以1.3cm为缝份画线作标记，每块重复同样的操作。

步骤5B
然后再在距离第一条标记线1.3cm的位置，再画一条标记线，此时离边缘的距离为2.5cm。

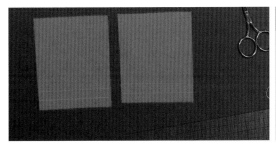

步骤5C

另一块面料重复相同的操作，但需要注意的是每块面料所做的标记都要在相同的一面。这种制作工艺的优点在于衣服可以两面穿着，并且不需要使用黏合衬和里衬。

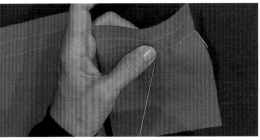

步骤6A

首先在一块面料上沿所画的2.5cm标记线处，缝一道短小的疏缝线迹，并且根据制作工艺的特性，我们需要剥离缝份，一般情况下按剥离的宽度缉线，防止剥离不到位或过头。在缝线的开始和结束都需要做回针（倒缝）处理。

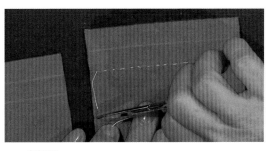

步骤6B

记住一点："短针，短线迹"。粗缝的时候，线迹间隔不可超过0.6cm。当缝到面料末端时，绣花线留出3.8cm的长度，再将它剪断。

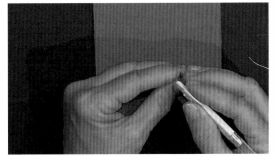

步骤7A

依次在另一块面料上做相同的处理。此外，讲解一下如何使用引线器进行穿针，先将引线器的线环穿入缝针的针眼中。

步骤7B

然后，再利用绣花小剪的尖头打开线环，让绣花线能够穿过去。

步骤7C

将线穿过线环即可。

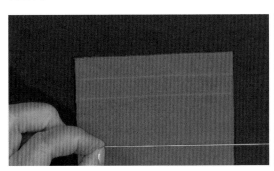

步骤8A

使用的打结方式，开始在缝针上缠绕两圈，沿缝针滑线从中穿过，再用手指甲打个结收紧。

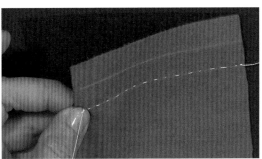

步骤8B

像第一块布料一样，假缝第二块布料，在离边缘2.5cm处标记白色直线，剪掉末端线头。

步骤1
从面料的边缘开始，把双层面料的缝份轻轻地剥离分层，使其成为独立的两层。

步骤2A
利用绣花小剪刀的顶端，把双层面料间的结节纱剪掉。处理时，小心不要将面料拉伸变形，或者剪到面料。

步骤2B
慢慢地剪到缉线根部，不可以超过2.5cm的宽度。

步骤2C
用手轻轻地剥离双层面料，但是不要扯开它们，不然会让面料变形。

步骤2D
继续进行前面的操作，剪掉双层面料中所有的结节纱，横跨2.5cm宽度。

步骤3A
在第二块双层面料上进行相同的处理，直到剪到2.5cm的缉线根部。

步骤3B
剪完结节纱后，所有的分层处理就完成了，然后将缝份剥离成独立的两层，如图所示。

步骤4A
清理缝份上不需要的线头（双层面料间的结节纱）。可以剪一小块胶带，粘面朝下沿着2.5cm缝份贴在上面，再用手压一压，然后再撕掉胶带，也可以去除线头。

步骤4B
重复上述操作，直到所有缝份处的线头全部清理干净。每块都用新的胶带粘贴线头，也可使用封箱胶带进行处理。

步骤4C

然后用绣花小剪刀减去多余的线头。在其他的双层面料上做相同处理。

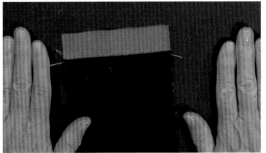

步骤4D

除了可以清理掉许多线头，也能帮助清理掉在接缝线附近所有多余的线头。即使残留一些线头，也不需要担心。

模块3：

准备缝合

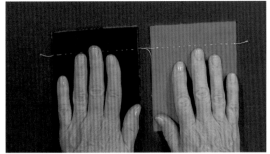

步骤1A

如果你使用的是双色双面羊毛面料，则需要确定哪一面作为衣服的正面。在以下操作中，选用藏蓝色作为正面。

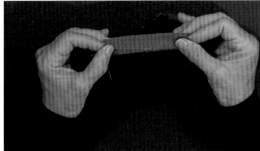

步骤1B

对齐缝份的右边。

步骤1C

别住需要在缝纫机上准备缝合的分层面料。

步骤2

使用棉线在距离边缘1.3cm的位置车线，2.5cm大约缝10到12针，针距长0.21~0.25cm。

步骤3

打开接缝，用蒸汽轻轻地熨烫。

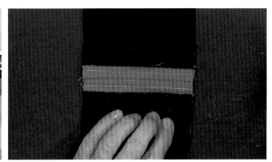

步骤4A

然后再标记缝份，距离边缘0.6cm处用划粉和直尺画直线标记。

步骤4B

为了避免接缝处堆叠，去掉多余的缝份是很有必要的。沿着记号线将多余的缝份剪掉。

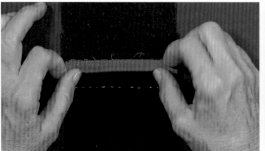

步骤5A

折叠下一层的缝份，不可超过1.3cm，并且要在折叠后与接缝线保持一致。

步骤5B

在离接缝0.3cm处用大头针平行固定面料。

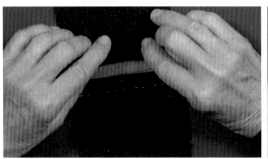

步骤5C

处理完后，再折叠下一层缝份的另外一边，然后，使它们可以在接缝中心闭合。

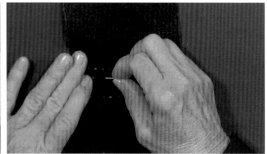

步骤5D

再用大头针固定缝份闭合后的位置，使得左右各自折叠后的边缘相互重合。

模块4：
缝合接缝

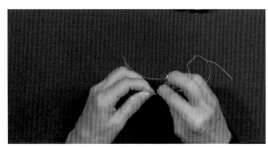

步骤1A

将顶针戴到中指上（用哪只手缝就戴到哪只手的中指上），为缝合接缝的底面作准备工作。将单股棉线穿过8号手缝长针，然后打结。

步骤1B

将线的一头按在蜡上，用力按住线头，使整个线都在蜡上划过。我们可以使用蜂蜡、黄蜡、或者美国进口的线蜡，它们都可以起到润滑绣线的作用，便于手缝时，针线可以更好地缝合面料。

步骤1C

此次面料小样的制作，需使用百分百的白色棉线。当然制作服装时，需要使用和衣服颜色相似近的棉线。

步骤2A

在离边缘0.3cm处，将针插入靠近底折层面料，采用暗缝的方式进行缝合，并把缝线往里送。

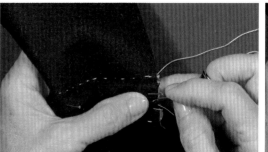

步骤2B

下一针插入到顶折层面料的折叠处。这一针直接横跨第一针，穿入折叠处0.3cm，再穿出，再缝进底层折叠处。

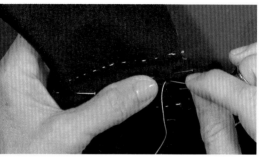

步骤2C

重复之前的步骤，最后一针插入顶折层，缝合底折层，将左右两边使用暗缝相互缝合，线迹间距0.3cm，外观上不可以看见缝线。一边手工缝制，一边将大头针去掉。

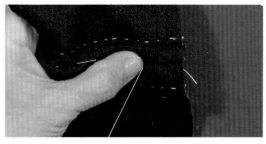

步骤2D

要注意的是，即使使用白色棉线，在视觉上，线迹也是需要隐藏起来的。进行暗缝时，不要过度拉棉线，造成缝线过紧或是接缝处抽褶不平整。另外要注意的是，随时停下检查，并用手指抚平接缝。

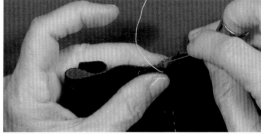

步骤3

当缝合到末端时，将最后一针隐藏于翻折处，并剪掉多余的线头。

步骤4

用绣花小剪刀去除绗缝棉线，并不时的修剪面料正面的线头。但是切记不可将线直接抽出，不然会使面料上产生孔洞。

步骤5A

将绗缝棉线清理干净后，在双层羊毛面料的正面铺上熨烫垫布，对面料和接缝进行熨烫。

步骤5B

再翻转至反面，依然铺上熨烫垫布熨烫平整，并用手轻轻地拍平，然后等面料温度低下来后，再从烫衣板上拿开。

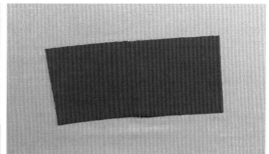

步骤6

双面缝制作完成。

嵌条缝

工具和用品

- 白色棉印花织物；
- 黄色棉印花织物；
- 拆线器和镊子钳（或机能型两用拆线器）。

嵌条缝是一种常常用于口袋、裙子、夹克和外套的装饰性制作工艺。下面将讲解如何便捷的制作它。

这种制作工艺将会给你的设计带来制作手感上的惊喜。

模块1：
课程准备

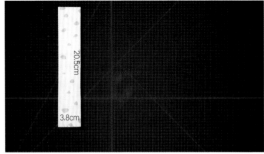

步骤1
剪一块长20.5cm，宽3.8cm的白色棉印花织物布条。

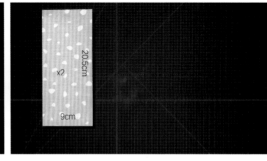

步骤2
准备两块长20.5cm，宽9cm的黄色棉印花织物块。接下来，用这两种不同颜色的面料进行演示，当然，也可以选择使用相同颜色的面料或是不同材质的面料。

步骤3
拿出长20.5cm，宽9cm的面料，在长边上，以1.3cm为缝份画直线。

步骤4A
将布料右边对齐，核对缝份边是否合适。

步骤4B
沿着1.3cm的缝份线，用大头针把两块面料别在一起。

步骤5
缉线粗缝，以1.3cm为缝份，用缝纫机沿标记线缝合，针距约长0.32cm，缝合后剪断缝线。

步骤6

用蒸汽将反面的缉线熨烫平整。

步骤7

然后打开缝份，将缝份熨烫平整。

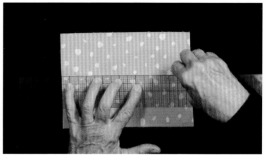

步骤8

将面料翻转至正面，离接缝线 0.6cm画直线标记，左右两边都要画线。

模块2:

制作嵌条缝

步骤1A

将面料小样的反面正对着自己，再把长20.5cm，宽3.8cm的布条沿着缝份放置。保证接缝与布条的中心线重合，并且布条正面要对着面料小样的反面。

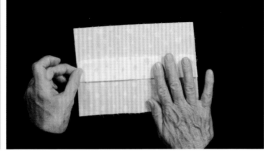

步骤1B

正确摆放布条，保证它可以覆盖住缝份，让面料小样和布条长度要保持一致。

步骤2

将摆好位置的小样和布条快速翻转到正面，保持正面朝上，把他们摆放在46cm长的塑料直尺上。

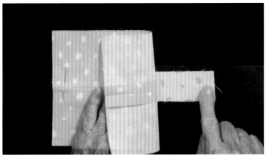

步骤3A

将小样和布条的位置用大头针固定，大头针别在缝份上，和接缝线成直角。

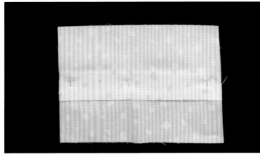

步骤3B

用大头针别住后，翻转面料检查布条是否居中摆放。

步骤4A

慢慢往缝纫机里送布，沿着面料右边0.6cm的标记线车缝，一边车缝一边移走去除大头针。车缝线使用0.21~0.25cm的针距。

步骤4B

将面料转个方向，重复之前的操作，沿着另外一边车缝。

步骤5A

将正面的车缝线熨烫平整。如果此时是在衣服上进行缝制，需要先铺上熨烫垫布再熨烫衣料。

步骤5B

翻到反面进行熨烫。

模块3：

最后的步骤

步骤1

用拆线器小心拆除假缝线。

步骤2

拆线时，小心不要戳破面料。

步骤3A

将手指顶在接缝面料下，用镊子挑出假缝线。

步骤3B

也可以选择用机能型两用拆线器操作，它上面的塑胶头可使棉线绕圈，像橡皮擦一样，然后挑捡出即可。

步骤3C

这时接缝被打开，就可以知道嵌条缝的外观了。

压缉缝

工具和用品

- 双面织物；
- 适配棉线；
- 扣眼丝线；
- 8号手缝长针。

纹理平整的面料或其他材质的面料常常采用压缉缝这种工艺。

压缉缝在缝制双面羊毛、皮革和人造革或绒面革时是普遍采用的缝制工艺。

模块1：
课程准备

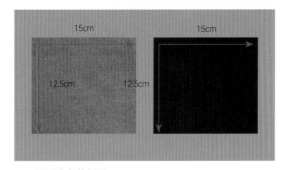

需要准备的材料：

对于这节课程，准备长15cm，宽12.5cm的两块双面羊毛面料，下面使用两种颜色的面料来讲解这种工艺。

模块2：
假缝压缉线

步骤1

先检查布料纹理是否整齐，保证相互垂直，各边缘也要垂直。

步骤2A

将两块面料进行搭接，搭接量为1.3cm，将左块搭接到右块上。

步骤2B

为了保证接缝线的笔直，离短边1.3cm为间隔画直线。

步骤3

面料左边有毛边，距离毛边0.3cm的位置画标记线。如果面料有弹性，为防止车缝线位置拉伸变形，会在准备车缝的位置添加牵条衬，贴在布料的反面，用熨斗轻轻地烫在面料边缘附近。

步骤4

将左片搭接到右片，左片的边缘对齐到右片上1.3cm的标记线处，然后用大头针固定。

步骤5

为防止在缝合时，织物经纬滑移，先将面料假缝在一块。可以用8号手缝长针和单股线手缝。标记线向内移动大约0.3cm的距离（离边缘约0.6cm）进行手缝。假缝后打个结，剪掉多余线头和拆掉大头针。

步骤6A

将尼龙绣线穿在缝纫机的针眼上，使针脚更明显。

丝质绣线

步骤6B

也可以使用丝质绣线。

粗的棉线

或者使用粗的棉线。但在底线梭芯上，我们通常使用整卷缠绕好的棉线。

模块3：

缝制压缉线

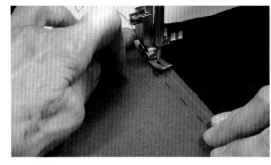

步骤1

在0.3cm的标记线上车缝，面料上下要绷直，针距选择0.32cm即可，开始车缝后，在顶端要进行回针或者倒针处理。

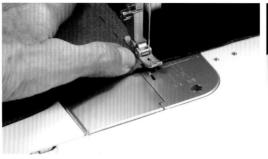

步骤2

继续以上操作，将面料持续往缝针下推送，车缝的最后也要进行回针。

步骤3

剪去线头，并拆掉手缝假缝线。

步骤4

翻转至反面，剪掉0.6cm的缝份，将面料小样以及车缝线处用蒸汽熨烫平整。

步骤5

压缉缝制作完成。

自我检查

☐ 是否能完成本章节中每种制作工艺的面料小样？

☐ 在之后的工作中，是否能正确识别和使用它们？

    ☐ 无衬里天鹅绒夹克

    ☐ 雪纺裙

    ☐ 薄纱上衣

    ☐ 牛仔裤

    ☐ 羊毛裙

    ☐ 棉质连衣裙

    ☐ 可两面穿用的夹克

（答案详见第352页）

第5章

服装边缘的处理

处理过的服装边缘，从外观上是看不见的，但处理时也要非常谨慎，有些处理方式属于特意的，因此也会具有一定的设计效果。对于透明硬纱、巴里纱、雪纺绸和乔其纱这类材质的面料，在缝纫时需要非常小心。本章首先从一个漂亮的手工卷边开始，手工制作比较费工，当然也可以用缝纫机来制作。对于轻薄的面料，夹毛衬可以帮助塑型，像丝带边也可以给面料边缘增加一些特别的设计细节，或者是将纹理宽直的边缘进行双层折叠，也会让其具有一种绲边或镶边的效果。

对于像棉、亚麻、羊毛或混纺纤维，这类中厚型的面料材质，本章节中介绍两种最大众化的边缘处理工艺——镶边（贴边），包边（拷边）。港式包缝是一种更为精致的制作工艺，是用透明硬纱条将毛边包裹起来。对于那些不易毛边的面料而言，锯齿边和缝边都是实用的处理方式。

裁缝师在一件雪纺连衣裙上调整平缝卷边

轻薄面料的收边工艺

学习内容

☐ 制作较窄的手工卷边，可以使用平缝卷边和密拷边；

☐ 在底边下摆处使用夹毛衬固定结构以达塑型和固定的作用；

☐ 通过对衣服边缘做丝带装饰边和直纹宽边的处理，使衣服的设计细节更精致。

本节内容：

- 手工卷边
- 密拷边
- 缎带装饰边

- 平缝卷边
- 网纱花边
- 直纹宽边

手工卷边

工具和用品

• 真丝雪纺；

• 适配棉线；

• 10号或12号穿珠针；

• 大头针。

在本节课程中，将讲述如何对薄纱面料进行完美的收边处理。

将学会如何处理面料边缘，如何小心翼翼地进行卷边，便于以后对它进行缲针。这个种制作工艺是非常耗时的，但是对于制作高级时装而言，这又是非常必要的工序。

模块1：

课程准备

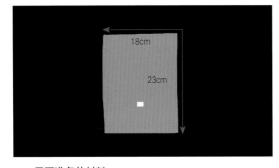

需要准备的材料：

长23cm，宽18cm的一块真丝雪纺，用贴纸标记面料的反面。

模块2:

制作手工卷边

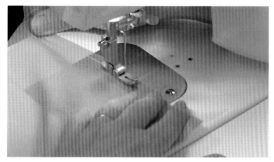

步骤1

离面料宽边0.6cm处车线。

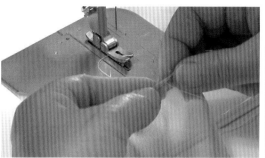

步骤2A

从右端开始，用手指在0.3cm处向下翻转进行卷边。

并对其进行暗缝，将底边固定，然后继续之前的操作进行卷边。

小技巧:

对薄纱面料进行卷边时，注意不要将针线拉的太紧，不然接缝容易抽褶。

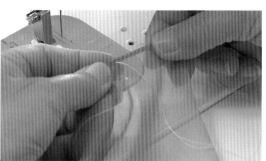

步骤2B

在缝合处挑起一针，然后从折叠边缘（对角线上）挑出一小针，再回到之前的位置，在缝合处再缝上一针。

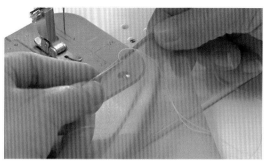

步骤2C

重复这个过程，边缝边卷边。底边针距应该是等间距的，大约0.6cm。为了方便讲解，这里使用（在式样、颜色上）差异大的棉线进行缝制。

步骤3

用大头针把折边固定在烫衣板上，然后轻轻地熨烫面料的反面。然后把它翻转到正面，再进行熨烫。注意别把收边压平了。微卷的收边看起来会更好。

步骤4

手工卷边制作完成。

平缝卷边

工具和用品

- 真丝雪纺；
- 适配棉线；
- 0.3cm卷边压脚；
- 大头针（珠针）。

平缝卷边是一种比较普遍的收边工艺，常用于处理薄纱或其他轻薄面料，一般是使用卷边压脚在缝纫机上直接缝制。

下面讲解如何使用卷边压脚，以及卷边后如何正确熨烫。用缝纫机直接处理非常简便，但如果采用手工缝制，可能需要花费数天才能完成。

模块1：
课程准备

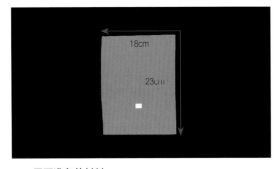

需要准备的材料：
长23cm，宽18cm的一块真丝雪纺。用贴纸标记面料的反面。

模块2：
制作平缝卷边

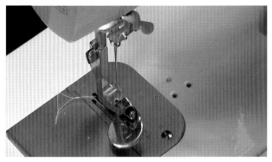

步骤1

在课程的开始，首先将常规压脚换成0.3cm的卷边压脚。

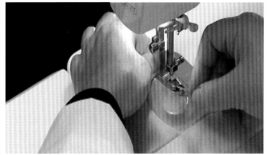

步骤2A

将织物的边缘折叠起来，便于它卷起时来绕在卷边脚的内侧。

步骤2B

继续折叠织物，把面料慢慢往里推送，通过压脚进行缝边。

小技巧：

低柄和高柄的缝纫机收边压脚和家用缝纫机的压脚，一般通用宽度为0.3cm、0.4cm和0.6cm。

步骤3

用大头针穿过卷边的一端，将其固定在烫衣板上。另一端用手拉平，熨烫时将底边摆直。

用手指握住另一端，将反面的底边熨平。

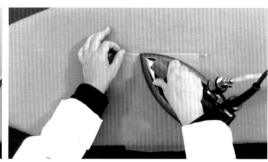

一直折到折边的末端，然后将它翻装至正面，对它进行熨烫。

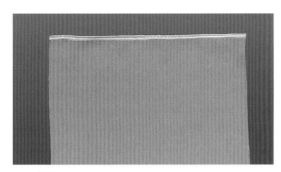

步骤4

制作完成。

密拷边

工具和用品

- 真丝雪纺；

- 适配棉线；

- 大头针（珠针）。

对任何透明薄纱或是柔软的轻薄面料来说，在面料上做窄褶边的处理，密拷边或是小折边都是最佳的选择。

除了没有必要为缝纫机购买卷边压脚，这节课类似于上节课程。当掌握了这种收边工艺，就可以着手处理繁杂的裙褶边，并随时可以进行处理。

模块1：

课程准备

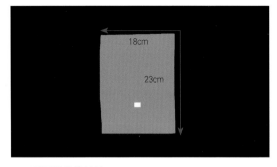

需要准备的材料：

长23cm，宽18cm的一块真丝雪纺，并用贴纸标记面料的反面。

模块2：

制作密拷边/小折边

 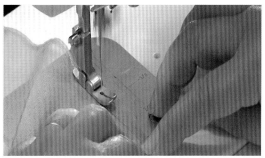 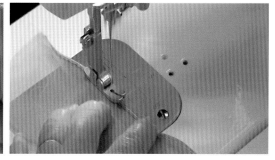

步骤1

反面朝上，面料边缘翻折0.3cm，然后靠近边缘车线。

缝制时注意不要拉伸面料。

步骤2

再将边缘翻折0.3cm，在第一针旁边再车缝一针。

 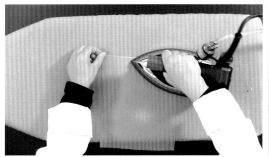 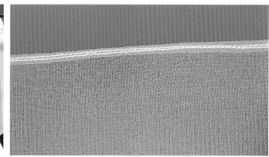

步骤3

在面料的反面，用大头针穿过折边的一端，固定在烫衣板上，然后把折边熨平。

然后把样品再翻转至正面，熨烫平整。

步骤4

密拷边/小折边制作完成。

夹毛衬缘边

工具和用品

- 真丝雪纺；
- 适配棉线；
- 夹毛衬缘边；
- 大头针（珠针）。

夹毛衬缘边有许多不同的宽度和颜色，若对透明薄纱有一些特殊要求时，常常采用这种工艺处理。

下面讲解如何使用宽度为1.3cm的夹毛衬缘边进行收边处理。

模块1：
课程准备

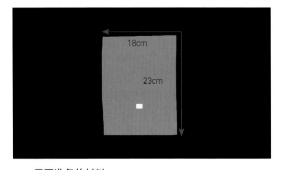

需要准备的材料：
长23cm宽，18cm的真丝雪纺一块，用贴纸标记面料的反面。

步骤1

将面料正面朝上，将夹毛衬缘边贴在面料边缘处，离面料边缘0.3cm的位置进行车线。利用缝纫机平板上，0.3cm的标记线走线。

步骤2

把夹毛衬缘边翻过来放到布料的反面，用手指小心地把夹毛衬缘边卷平。

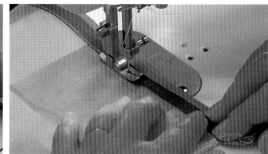

步骤3

把夹毛衬缘边的边缝在正面，确保在缝制时，边缘是平整的。

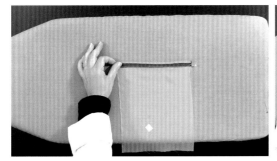

步骤4A

用大头针穿过折边的一端，固定在烫衣板上。再熨烫时有助于边缘是直的。

现在在反面将收边熨烫平整。

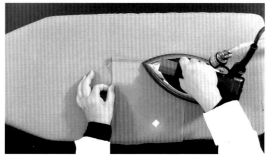

然后把面料翻转至正面，熨烫平整。

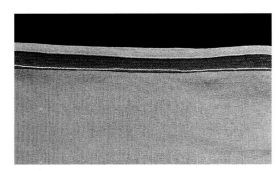

步骤4B

夹毛衬缘边收边制作完成。

缎带装饰边

工具和用品

- 真丝雪纺；
- 适配棉线；
- 1cm宽的缎带。

这种装饰收边工艺，对于任何薄纱材质的服装，都会带来结构和细节上的改变。

在缎带翻转另一面前，它都是直接缝制在边缘处的，所以需要确定将缎带装饰在衣服的正面还是反面，因为它会呈现两种不同的效果。

模块1：
课程准备

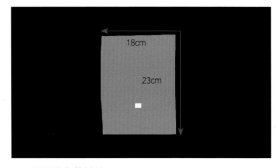

需要准备的材料：
长23cm，宽18cm的真丝雪纺一块，使用贴纸标记面料的反面。

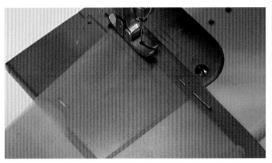

步骤1A

缎带在衣服下摆的内侧，从面料的反面朝上开始，把缎带的反面用大头针别住，稍微向面料右边的宽度边缘凹陷。

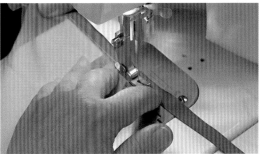

步骤1B

沿丝带的底边缝针。用右手轻轻地引导布料穿过机器，缝纫时取下针。

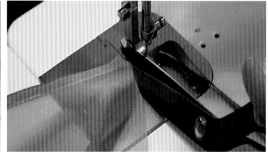

步骤1C

缝制到末端时，将多余的缎带剪掉。

步骤2

把丝带放到布料的反面，然后把丝带的顶边缝到面料的反面。

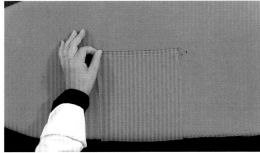

步骤3

熨烫前，用大头针将面料边缘的一端固定在烫衣板上。

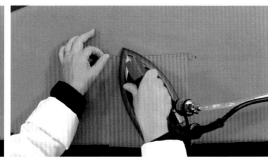

将正面的边缘熨烫平。

将小样翻转至反面，熨烫平整。

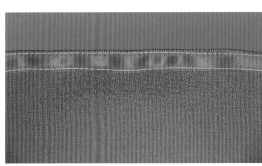

步骤4

缎带装饰边制作完成。

直纹宽边收边

工具和用品

- 真丝雪纺；

- 适配棉线；

- 10号或12号穿珠针；

- 大头针（珠针）。

直纹宽边是一种常用在透明薄纱上的收边工艺，如用在雪纺、透明硬纱和乔其纱等上。

下面将讲解如何正确地折叠面料。为了呈现好的效果，如何对底边进行藏针缝。一般在袖子、口袋、裙子、裙子和裤子上或任何有直纹切口的位置，都可使用这种工艺进行处理。

模块1：
课程准备

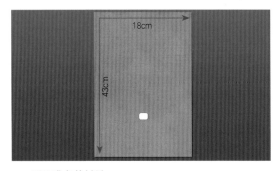

需要准备的材料：
长43cm，宽18cm的真丝雪纺面料一块，使用贴纸标记面料反面。

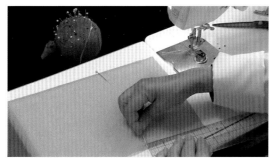

步骤1

在面料反面用透明塑料尺子从一侧的边缘量出10cm，然后插入一个大头针标记。重复以上操作，到另一侧边缘。

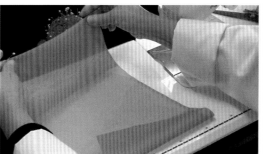

步骤2A

以10cm为标准，反复进行翻折。

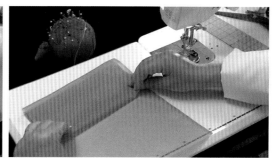

规整好下摆，保证折叠后有三层即可。

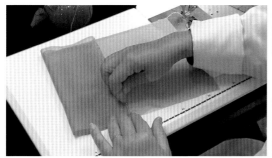

步骤2B

将下摆固定在合适的位置，确保每一层都保持平整。在下面的演示中，将制作一个10cm宽的下摆，也可以根据自己的选择改变下摆的宽度。

步骤2C

继续用大头针沿着折叠的边缘做准备，进行手工缝制折边。

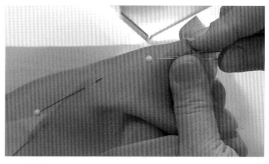

步骤3A

藏针缝是一种几乎看不见的缝针法。将线穿过针眼后，对其末端打结。暗缝下摆，然后边缝边拆掉大头针，拿出一小股线，然后从下摆对折处挑起一针，以对角线依次缝合。

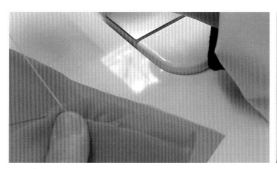

步骤3B

所缝制的线迹应该是平整的，针距约0.6cm，隐藏在折叠处。

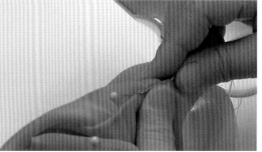

通过练习，也可以一次缝上几针。

推动针线穿过面料，但是注意不要太紧，不然下摆会抽褶。

确保你完成的折边是漂亮而平整的。

步骤4

在反面轻轻地熨烫下摆。

然后在正面熨烫下摆。

步骤5

直纹宽边制作完成。

中厚面料的收边工艺

学习内容

☐ 学习基本的收边工艺；

☐ 制作适用于高质量服装的港式包缝收边；

☐ 对不易毛边的布料采用花边或走线的处理方式。

本节内容：

• 装饰带收边

• 锁边

• 港式包缝收边

• 锯齿边暗缝收边

装饰带收边

工具和用品

- 精梳羊毛织物；

- 8号手缝长针；

- 适配棉线；

- 装饰带。

在服装生产制造中，用装饰带进行收边是最普遍的制作工艺，适用于各类服装。

下面将通过一边缝制一边制作面料小样来学习这种制作工艺，然后使用Z字形线迹（缲缝）将其固定。这种缝纫技巧非常实用，并且在未来的工作中也易于操作和使用。

模块1：

课程准备

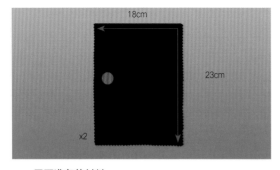

需要准备的材料：

长23cm，宽18cm的羊毛面料两块，使用贴纸标记面料的反面。

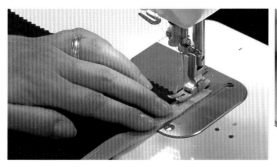

步骤1

将两块面料叠放在一起，从正面沿较长的一边车缝。然后打开接缝进行熨烫，再将装饰带贴在面料的底边上，位置离面料右侧的底边边缘0.6cm左右。

将缎带子缝在面料上。

步骤2A

将下摆熨烫平整。

185

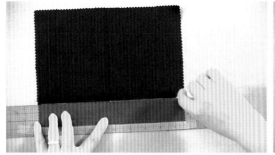

步骤2B

从底边边缘往上量取3.8cm，然后用划粉进行标记。

步骤2C

以这条线为把基准，翻折到另一面，然后熨烫。

步骤3A

使用Z字形线迹（缲缝）对底边进行缝合。先用大头针将其固定，以确保接缝可以和中心线对齐。

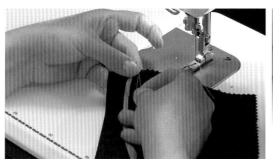

步骤3B

给缝线进行打结，然后折起装饰带，从右边开始缝制。从缝份处挑一根线。

步骤3C

用一股线缝合，将手针从外向里，由右向左下方斜缝（对角线）。

步骤3D

每间隔0.6cm重复上述操作。

注意不要将针线拉扯过紧，不然会使面料抽褶。不要在衣身面料上过多挑线，要确保在面料的正面不能看到针线的痕迹。

步骤3E

在缝合的最后要进行回针。

剪掉缝线之前先要将其打个结。

步骤4A

熨烫前铺上熨烫垫布，再将面料样本的反面和正面都熨烫平整。

步骤4B

装饰带收边制作完成。

机缝锁边

工具和用品

- 精梳羊毛织物；
- 透明硬纱；
- 适配棉线；
- 8号手缝长针；
- 拷边机（锁边机）。

锁边通常是用锁边机进行操作的，这是一种快速、简便、经济实惠的处理方法，并且对于面料毛边的处理是非常实用的。它常常在服装生产和家庭缝纫中使用。

下面将讲解如何对面料毛边进行锁边，以及如何手工松缝（短而松的暗缝线迹）底边。这种收边工艺对于轻薄面料和中厚面料都是很好的选择，尤其是那些纱线易移动或是易于散边的面料。

模块1：
课程准备

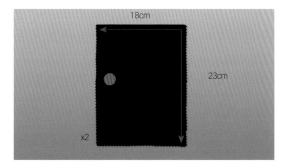

需要准备的材料：
长23cm，宽18cm的羊毛面料两块，用贴纸标记面料的反面。

模块2：
制作机缝锁边

步骤1
将两块面料较长的一侧进行缝合，打开接缝进行熨烫，然后对宽的一侧毛边进行锁边处理。

步骤2
在原有底边的基础上量出3.8cm的高度，来确定褶边的宽度(深度)。在面料的正面用划粉画出记号线。

沿这条记号线折叠和熨烫。

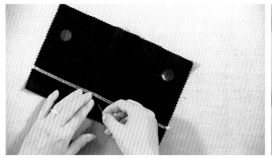

步骤3A

用大头针进行固定，保证收边缝的位置是一致对齐的。用针线从锁边的下侧挑起一针，开始进行暗缝。

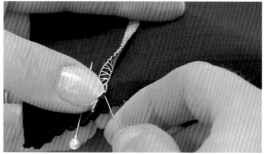

需要使用平针缝对下摆进行缝纫，并用针线在从锁边的下侧挑起一针。

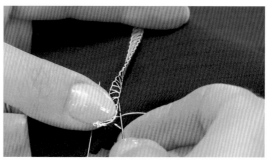

步骤3B

在离第一针大约0.6cm的位置，从衣身面料上挑起一针。

沿着下摆重复这步操作，确保每次都只挑出一股线。这就意味着从面料正面是看不见针脚线迹的。

步骤4A

将面料样本的反面进行熨烫。

然后在正面铺上熨烫垫布熨烫平整。

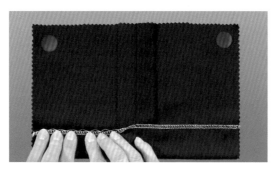

步骤4B

锁边下摆制作完成。

港式包缝收边

工具和用品

- 精梳羊毛织物；
- 透明硬纱；
- 8号手缝长针；
- 适配棉线。

或许会在某些时候看见港式包缝的这种制作工艺，并且它们已成为了服装做工精致或考究的一种标志。羊毛面料，轻薄或者中厚面料常采用这种制作工艺。

下面将通过演示进行说明，在面料小样上用斜纹透明硬纱做滚边条进行底边处理。讲解如何用缲缝进行处理。

模块1：

课程准备

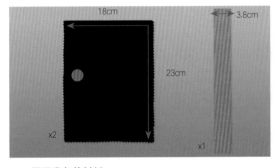

需要准备的材料：

长23cm，宽18cm的羊毛面料两块；裁剪长38cm，宽3.8cm的一块斜纹透明硬纱，并用贴纸标记面料的反面。

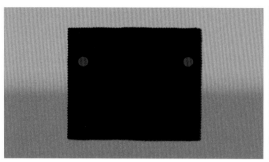

步骤1A
将两块羊毛面料的长边，以2cm为缝份车线，把缝份打开进行熨烫。

将透明硬纱（滚边条）同面料的底边右对齐，以0.6cm为缝份车线，将边缘缝合。小心不要拉扯滚边条，不然面料会变形。

步骤1B
现在用手指把滚边条翻折到布料的反面，然后用手指按住它，"车线在接缝缝隙中"，因在面料正面进行此步操作，这就需要在缝纫时，尽可能接近现有的接缝。

滚边条翻折后，包裹着面料下摆的毛边。将反面多余的透明硬纱剪掉。

步骤2A
剪掉反面的滚边条，离车缝线0.6cm剪去多余的量。

然后剪掉末端。

步骤2B
从底边开始量3.8cm的边缘宽度(深度)，用划粉做记号线。

步骤2C
沿着这条线把下摆翻折上去，轻轻熨烫定型。用大头针固定下摆，确保对齐中缝。

步骤3A
用Z字型线迹（缲缝）对下摆进行缝合。将滚边条翻起来，缝合线迹藏于滚边条下面，现在从左边开始缝合。

步骤3B

从滚边条这一侧挑起一针，再以对折线的角度缝到衣身面料上，但只可以挑一股线。

每间隔0.6cm重复此步骤操作。

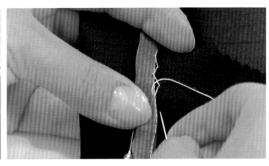

注意不要将针线拉扯太紧，不然会导致抽褶，并且只可以在衣身面料上挑一根线，不然在面料小样的正面会看见线迹。

步骤3C

缝合到最后，一定要确保做回针处理。

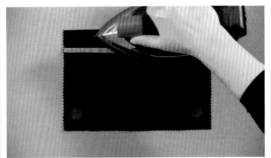

步骤4A

最后，将下摆熨烫平整。

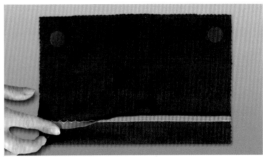

步骤4B

港式包缝收边制作完成。

锯齿边暗缝收边

工具和用品

- 精梳羊毛织物；

- 8号手缝长针；

- 适配棉线；

- 花边剪。

这种收边工艺对于那些不易脱散的面料是普遍的选择，如法兰绒、轻薄精梳羊毛和华达呢等。

下面将讲解在手工缝制之前，如何通过使用花边剪和缝纫机快速而简便地进行处理。

模块1：

课程准备

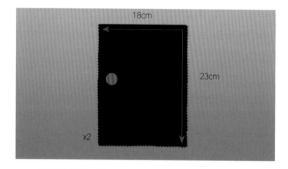

需要准备的材料：

长23cm，宽18cm的羊毛面料两块，并用贴纸标记出面料的反面。

步骤1A
首先将面料的长边右侧对齐，边缘缘缝合在一起，把接缝展开熨烫平整。

用花边剪将底边剪成锯齿形。

步骤1B
从底边边缘量3.8cm，然后在面料的正面用划粉做记号线。

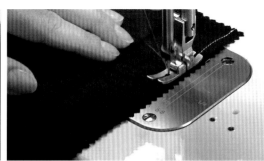

沿这条记号线向内翻折，然后熨烫定型。

步骤2A
将缝份的边角剪掉。

步骤2B
离锯齿底边0.6cm车线。

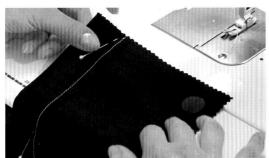

步骤3A
将下摆用大头针固定，然后开始手工缝制。

步骤3B
将缝线打结，从左侧开始缝合，使用环针法（Z型线迹），从缝口处勾出一针，然后斜着（对角线）穿过面料，再勾一针。

步骤3C
每间距0.6cm重复操作步骤。不要将针线拉得太紧，否则会抽褶。同样不要勾出面料上过多的线，否则会在小样的正面看到缝线线迹。

步骤3D

当缝合到最后，在接缝末端打结。

下摆应该摆放平整。

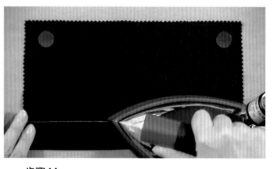

步骤4A

将反面熨烫平整。

然后翻转到正面，铺上熨烫垫布熨烫。

步骤4B

暗缝收边制作完成。

自我检查

- [ ] 是否能将本章节每一类收边工艺的小样制作出来？
- [ ] 是否可以正确识别以下类型的收边工艺？
    - [ ] 丝质围巾
    - [ ] 雪纺裙
    - [ ] 薄纱裙
    - [ ] 光边羊毛裙
    - [ ] 花费较少的收边

    （答案详见第352页）

右页图：收边效果，芬迪，2016

第6章

纽扣和扣眼

　　所有不同形状、大小和材质的扣子都是可以使用的。在进行一系列的实践课程之前，这一章节将给大家介绍一下扣子和扣眼，将介绍两个基本扣型和它们的规格，以及如何缝到衣服上。对于扣眼是设计成垂直的还是水平的，本章将介绍那些可以提高效率的制作工具。

　　在掌握了如何专业缝制纽扣以后，接下来讲解如何恰当地缝制带柄（带脚）纽扣。然后介绍如何快速、简便地缝制四眼纽扣。

　　下一步是使用缝纫机上的扣眼附件制作扣眼，讲解两种类型：直扣眼和钥匙孔形状的扣眼。讲解如何确定正确的长度，如何正确地在织物上成型，以及如何完美地完成缝制。

大卫·迪克森设计的带装饰扣短扣夹克，2016

纽扣和扣眼的介绍

学习内容

☐ 辨认各类纽扣的类型、形状、大小；

☐ 选择适合款式要求的纽扣类型；

☐ 正确规划纽扣位置和布局；

☐ 确定扣眼所需的大小和类型，了解专业术语；

☐ 了解机器打眼和剪开扣眼。

198

什么是纽扣？

美国材料与实验协会（ASTM）定义：纽扣是一种袋纽（帽顶子）、圆片或是类似的物品，其可穿过窄小的开口，或扣眼，穿过衣服的某处或是底布到衣服的另一边。

什么是扣眼？

扣眼是在面料上的一个切口或者开口，它要有足够的长度保证纽扣可以通过。扣眼通常是长方形的，并且缝制线迹非常紧密，既可以采用机器缝制也可以手工缝制。

 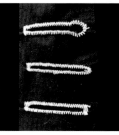  

带孔纽扣　　　　　　带柄扣子

纽扣的类型

常用纽扣有带孔的和带柄的两种基本类型。

带孔的纽扣一般在扣子中心有两孔、三孔或者四孔，一般直接通过这些孔眼进行缝制。

带柄的纽扣从它底面延伸出一段柄，便于系扣子与解扣子。在柄上有个孔，通过孔眼缝到衣服上（使用绕线扣脚技法也可以获得类似的效果）。

两孔　　　　　　三孔　　　　　　四孔

纽扣的款式

纽扣有各种各样的形状，如扁的、带沿的、圆头的、半球形的、圆球形的、管状的、三角形的、正方形的，或是其他特殊形状的，它们通常用特有的名字来定义，如真贝纽扣、有脚扣、鱼眼扣、一字槽扣、英式带沿扣、双穹顶扣。

平扣　　　　　　带沿纽扣　　　　　　圆扣　　　　　　半球形扣

真贝扣　有脚扣　鱼眼扣　一字扣　英式带沿扣　双穹顶扣

  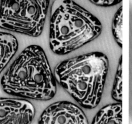 

圆球扣　　　　　　管状纽扣　　　　　　三角形纽扣　　　　　　方形纽扣

什么是线扣脚？

这是另一种缝制带孔纽扣的技法。纽扣缝在衣服上，与面料之间有一定的距离，它的作用和带柄纽扣的柄一样，让纽扣的解开和穿脱更加容易。线扣脚的长度取决于衣服系上时纽扣所在的位置布料的厚度。

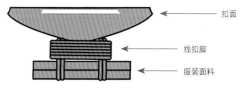

扣面

线扣脚

服装面料

纽扣的加固

对于某些织物，钉纽扣时可能是需要加固的，以帮助将纽扣固定在织物上，并防止织物在反复系扣和解开纽扣后造成撕裂或扯破。例如，在男士的衬衫上，经常发现一小块棉布或毛毡在衣领纽扣的底面起到加固的作用；而在皮夹克上，则会发现底面用一个小的塑料纽扣来加固，达到防止皮革撕裂的可能。

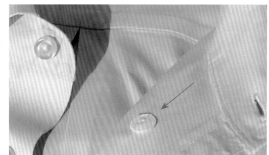 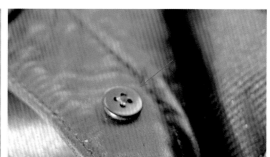

棉质织物底面加固　　　　　　　　　　　　底扣加固

缝制工具和材料

在缝制纽扣时，需要某些工具和材料。可以选择缝纫线或Hy-Mark线，后者比普通线粗一点。为了防止缝线缠结和磨损，并帮助它在面料中滑动，可以先将缝线涂上蜂蜡或美国进口线蜡使它顺滑。之后熨线将有助于去除线上的蜡。对于纽扣来说，5号的手缝短针是一个不错的选择，因为它比手缝长针短，因此缝小线迹时更容易缝制。

普通缝线（30T）　　HY-Mark线　　蜂蜡　　各种型号的短针

200

模块3：

纽扣的材质

纽扣能够由任何所能想象出来的材料制作而成。然而，设计师必须谨记，衣服因为需要水洗或干洗，所以要对纽扣进行相关测试。如纽扣的脱色会对布料造成污染，或者在干洗过程中纽扣会裂开甚至被熨斗的高温所熔化。因此需要对所选择的纽扣进行相关测试。

一些最常见的纽扣是由天然材料制成的，如骨头、玻璃、（羊、牛等动物的）角、坚果壳、皮革、珍珠、贝壳、木材、金属、橡胶和喷射石（一种宝石）。

纽扣也可由密胺树脂、尼龙、聚酯纤维和脲（合成树脂）制成。

无论是由天然材料还是合成材料制成的纽扣，都必须对它的耐磨损性进行测试。

天然材质的扣子

骨头扣　　玻璃扣　　（羊、牛等动物的）角扣　　坚果扣　　皮革扣　　珍珠扣

贝壳扣　　木材扣　　金属扣　　橡胶扣　　喷射石扣

合成材质的扣子

尼龙扣　　脲扣　　聚酯纤维扣　　密胺树脂扣

模块4：

面料与纽扣

面料的厚度与纽扣的大小

面料的厚度和所选纽扣的重量有直接的关系，也和所选纽扣的大小和扣眼的长度有很大的关联性。一般的原则是轻薄面料选用较小的扣子，厚重的面料选用较大、较重的扣子。

黏合衬

黏合衬是作为一种支撑材料来使用的，黏合在服装分层面料之间——缝扣子的一侧和有扣眼的一侧。

模块5：

纽扣的大小

纽扣的大小

纽扣的大小是由直径（也称纽扣宽度）决定的，代号由数字和字母组成，40L等于直径为25mm——这是18世纪德国纽扣制造商首次使用的规格。

该图表提供了号型与尺寸的关系。

测量装置

可以使用纽扣卡或纽扣量规测量纽扣。

纽扣的号型与直径表格

纽扣和直径	号型
7mm	12L
8mm	14L
9.5mm	16L
11mm	18L
13mm	20L
14mm	22L
16mm	24L
19mm	30L
23mm	36L
25mm	40L
28mm	45L
32mm	50L
38mm	60L

注：数字可能取整

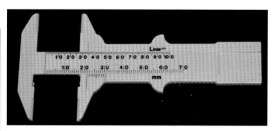

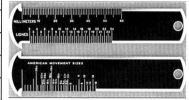

纽扣规格量规

201

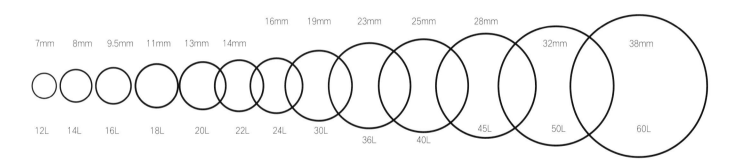

小技巧:

纽扣的大小决定着前中线和后中线或者是接缝线与纽扣中心线的距离。

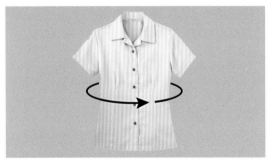

女装纽扣的位置

女装的前门襟通常右边搭接于左边，扣眼打在衣服的右边，扣子缝在衣服的左边。

男装纽扣的位置

对于男装而言，纽扣的位置刚好和女装相反——衣服的前门襟是左边搭接右边。扣眼是在衣服的左边，扣子缝在衣服的右边。

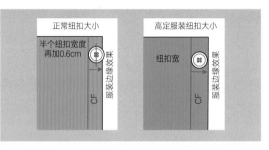

选择纽扣大小的原则

无论是男装还是女装，选择纽扣大小的原则是半个纽扣宽度再加0.6cm。但是对于时装和价格昂贵的衣服来说，大小通常是扣子的宽度。同样的原则也适用于扣眼。

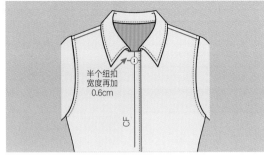

第一个纽扣的位置

第一个纽扣和扣眼的位置是离领口线处，半个纽扣宽度上再加0.6cm的距离。

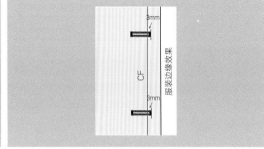

水平的纽扣和扣眼位置

在设计纽扣和扣眼位置时，原则是要将扣眼标记延长，跨过衣服的前中往净缝线方向延长0.3cm。扣子缝在前中心线上。

垂直的纽扣和扣眼的位置

竖着的扣眼缝在衣服的前中或后中上。纽扣缝在中心线上，也在扣眼的中心位置。

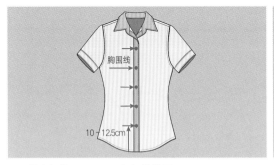

着力部位和最后一颗纽扣的位置

紧身的衣服在衣身的着力部位必须要有纽扣——例如，在胸围线上或衣服的腰部。最后一粒纽扣和扣眼的位置，是从衬衣或短上衣的底边向上10-12.5cm的距离。

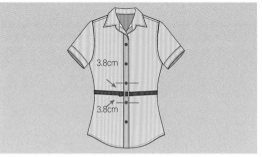

系腰带的衣服纽扣的位置

有腰带的衣服，纽扣和扣眼应该在腰带的上方和下方3.8cm的地方。

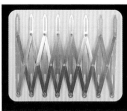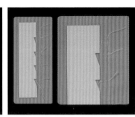

帮助确定纽扣的位置

伸缩定位尺（左上）是确定纽扣和扣眼位置的一种便捷易操作的工具。

对于纽扣和扣眼而言，还有一种定位方式是用一块已标记正确间距的卡纸做纸样（右上），便于之后使用这块定位纸样在面料上作标记。

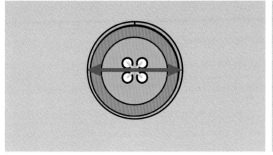

平扣扣眼
平扣的扣眼长度是纽扣的宽度加上0.3cm。

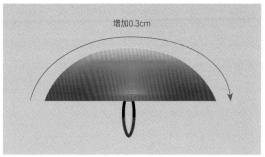

增加0.3cm

有脚纽扣的扣眼
为了确定合适的扣眼长度,测量一下扣帽的一端到另一端的长,然后再增加0.3cm。

机缝扣眼

机器缝制的扣眼有四种不同的类型——钥匙孔型扣眼、直线型扣眼、圆型扣眼和滚边型扣眼。这取决于缝纫机上有哪些操作选项(工业生产的滚边扣眼采用专业的扣眼滚边机)。嵌线或滚条常被使用,可以加宽扣眼。

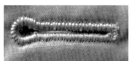
钥匙孔型

直线型

圆型

滚边型

嵌线/滚边

用缝纫机锁扣眼

用家用缝纫机锁扣眼有三种可采用的方法,取决于特定的锁眼压脚,包括自动锁眼压脚、一步锁眼压脚和四步锁眼压脚。

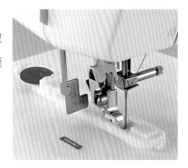

自动锁扣眼
自动锁扣眼是在电脑控制(智能)的缝纫机上操作的。扣眼的长度可以通过程序输入到缝纫机中,或者通过用一个特定的按键来操作,这个按键就代表特殊的压脚。扣眼的样式从直的到圆的、锁孔和圆孔。

一步锁扣眼
一步锁扣眼是通过拨号盘的转动或特殊的压脚的使用来锁眼的。

四步锁扣眼
四步锁扣眼是四个独立的步骤,在每个阶段手动选择线迹类型——针对长边的窄锯齿形,和针对在任意一端加固线迹的宽锯齿形(见下页步骤)。

扣眼解析

一个直线型扣眼由两部分组成：位于顶部和底部加固线迹的宽锯齿形，以及被称为线迹锁缝的两行平行的窄锯齿形的缝线。缝线包裹住了扣眼的毛边。

加固线迹

线迹锁缝

扣眼术语

扣眼的各个部分涉及使用专业术语。扣眼长指的是扣眼的总长度，包括末端的加固线迹。加固缝线迹的长度指的是在每边顶头加固缝线的量。扣眼开口是纽扣能否穿过所需要的宽度。切割的裁切宽度是指扣眼缝线间的范围，一旦锁完扣眼，将它打开让纽扣穿过。针迹密度涉及如何让缝线压实和紧密，尽管横针距描述的是个别缝针的宽度。

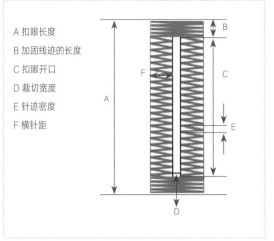

A 扣眼长度
B 加固线迹的长度
C 扣眼开口
D 裁切宽度
E 针迹密度
F 横针距

扣眼的缝合顺序

机器制作扣眼是按照特定的顺序缝制的，如图所示。

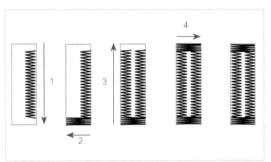

进行扣眼测试

在衣服上开始锁扣眼之前，先在面料小样上做锁扣眼测试，以便于在衣服上缝制前，做好精确的准备。样品测试要在相同纹路的面料上进行并正确缝制。

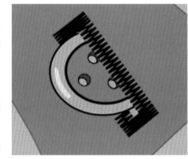

可使用的扣眼特性在缝纫机的说明书上都有标注解释，要安上新的缝针和满卷的底线。最后，确保你的针线能准确地对齐你所标记的扣眼位置，并按正确顺序锁眼，使最终的位置是我们原本标记的地方。

模块8：
打开扣眼

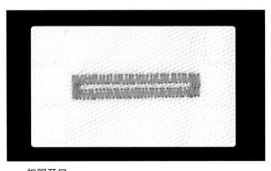

扣眼开口

一旦锁好扣眼，开扣眼可以用以下四种工具中的任何一种：剪刀的尖头、扣眼凿工具、拆线刀，或者用单边刀片。

剪刀

单边刀片，扣眼凿工具和橡胶垫

拆缝刀

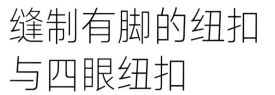

缝制有脚的纽扣
与四眼纽扣

学习内容

☐ 确定位置和缝制带柄纽扣；

☐ 确定位置和缝制四眼纽扣，并做线扣脚。

工具和用品：

- 麦尔登呢（羊毛）衣料

- 涤纶线

- 40L带柄纽扣

- 40L四眼纽扣

- 12号手缝长针

模块1：
缝制带柄的纽扣

小技巧：
　　金属扣或塑料带柄纽扣要比用布缝的扣子更持久耐用。带柄钮扣常用于外衣上，以及其他厚重服装，因为这类衣服经常要系扣子和解开钮扣，便于穿脱。

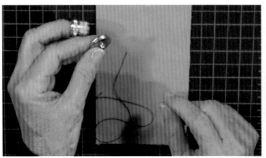

步骤1
在这节课中，将缝一个带柄的纽扣到面料上。

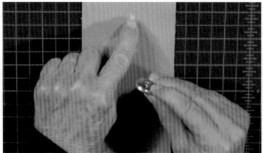

步骤2
首先在面料的正面作一个标记，标记出期望的纽扣位置。

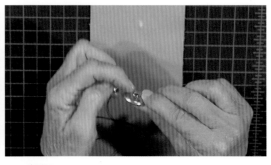

步骤3
这是纽扣的一部分。针线将穿过这个孔，以此来定位它。

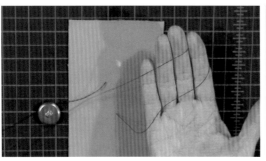

步骤4
使用12号手缝长针，缝线长度30.5～46cm。

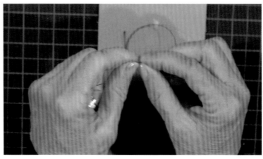

步骤5
缝完扣子最后打个结。

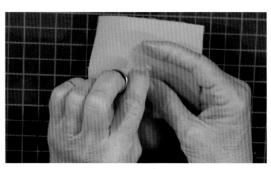

步骤6A
现在把针穿过缝扣子的位置。

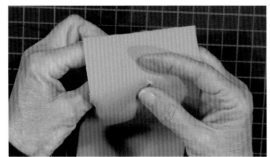

步骤6B
然后再将针线从面料中反穿回来。

步骤6C
在此点缝几针，穿过扣子的柄上的孔。

步骤6D
这里使用单股粗涤纶线，也可以使用缝扣眼的缝线、粗丝线。

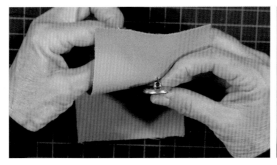

步骤6E

缝了一到两针后，开始将纽扣拉到稍微远离面料一点距离，只是为了让它们的连接有点松量。

步骤6F

继续缝制。

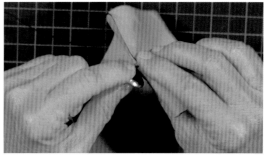

步骤7A

当完成了几针后，穿过面料回到有纽扣这边。如果想让纽扣与面料间有一定的宽松量，可以把线绕到脚柄下进行缠绕。

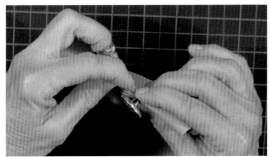

步骤7B

然后让针穿过面料。

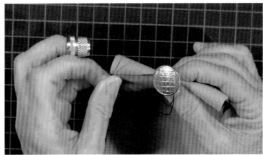

步骤7C

在最后将针线打个结。

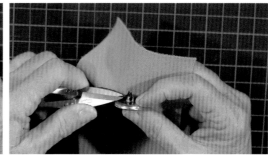

步骤7D

仔细剪掉线头。

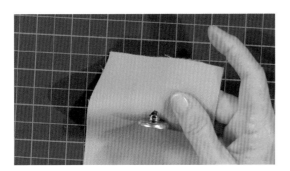

步骤7E

有脚纽扣缝制完成。

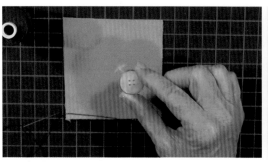

步骤1A

在面料上缝制四眼纽扣，使用12号手缝长针缝扣。

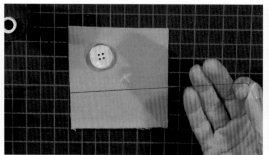

步骤1B

这里使用的线是一种由古特曼制造的结实的线。先剪一段长度为30.5~46cm的缝线。

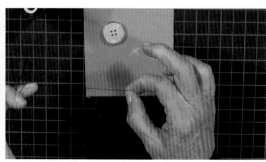

步骤2

在缝线的末端打个结。

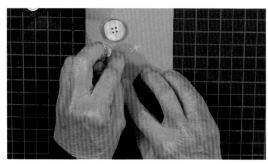

步骤3

在面料的正面作标记点，标记出钉扣子的位置。

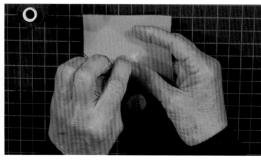

步骤4A

从面料正面将针线穿过。

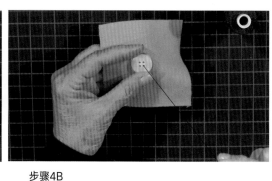

步骤4B

然后在反穿穿回来后穿过纽扣的第一个孔眼。

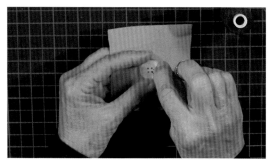

步骤4C

然后再穿进相邻的孔眼之中，穿过面料。

步骤4D

再从面料的反面穿回正面，通过没有缝线的孔眼。

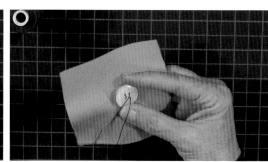

然后再将缝线穿过第四个孔眼，如图所示。

超大号金属带柄纽扣用于外套上，出自Vawk，2015

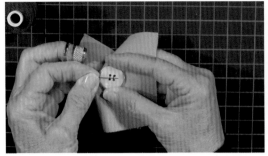

步骤4E

拿一个大头针，把它放在缝线的下面，也可以用牙签代替，但牙签不要太粗。

将它固定在缝线下，继续缝纽扣，并和之前相同的次序通过四个孔眼。

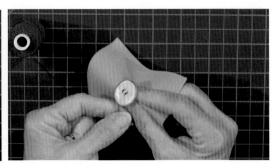

步骤5A

当扣子缝好后，去掉大头针或牙签。

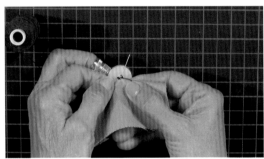

步骤5B

将针穿到纽扣后面。

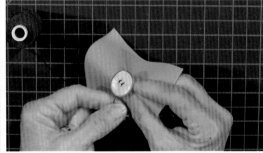

步骤5C

然后在扣子的底部，用线缠绕扣子的扣脚固定扣子。

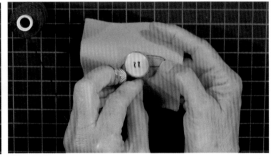

步骤5D

最后将缝线打结。

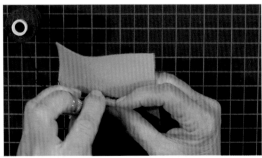

步骤5E

将针线穿过面料的背面。

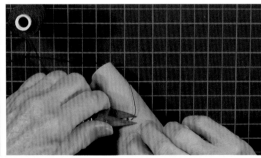

修剪线头。

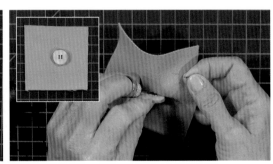

步骤5F

采用线扣脚技法缝制的四眼纽扣制作完成。

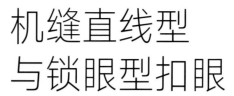

机缝直线型
与锁眼型扣眼

学习内容

☐ 安装自动扣眼器进行缝制直线型扣眼

☐ 安装扣眼器缝制和设计锁眼型扣眼

工具和用品:

- 缝纫机
- 羊毛法兰绒织物
- 棉线

- 扣眼器
- 牵条衬
- 剪刀

整件夹克的视觉焦点是双排装饰性金属扣,出自巴宝莉-珀松,2016秋冬

小技巧：

　　缝纫设备可以控制线迹的大小（每一针迹的宽度）和针迹紧密度（针距大小）。当做以上选择时，需要考虑到所要缝纫的面料——例如，轻薄的面料上针迹太密时会扯破面料。

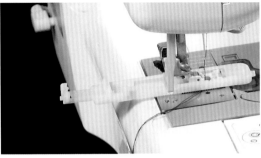

步骤1

　　这节课，将会使用专业的缝纫机和自动扣眼附件。在开始制作之前，一定要确保缝纫机的面线和底线梭上有充足的缝线。

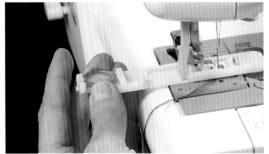

步骤2

　　按说明书所说，首先将纽扣放在附件中，然后，附件将确定此纽扣所需扣眼的正确长度。在下面例子中，扣眼的长为2.5cm，选择机器的直线型扣眼设置程序。

步骤3

　　此时，在面料层之间要熨烫黏合衬来防止扣眼拉伸变形，并且在面料上标记扣眼的位置。

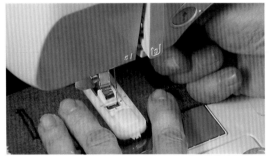

步骤4

　　现在将针移动到扣眼上方，让它与扣眼标记对齐。记住，在给衣服打扣眼之前，一定要在一小块布料上做一个扣眼，测试一下。这里使用有颜色差异的缝线进行示范。

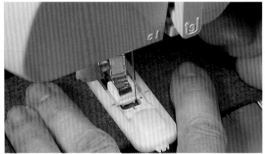

步骤5

　　放低压脚，确保扣眼附件与布料的折叠边缘和你标记的中心线成直角。

步骤6

　　启动缝纫机，用机器自动缝制扣眼，此用手轻轻握住布料。

步骤7

　　机器将沿着一边缝，然后另一边缝，一旦缝制完成，它会自动停止。

步骤8

　　扣眼完成后，提起压脚，剪掉线头。

步骤9A

　　使用小剪刀，将扣眼对折，将剪刀插进扣眼的中间，剪开扣眼。

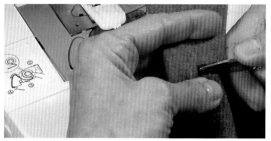

步骤9B
现在用剪刀的顶端在边角处打开扣眼。先剪一边，然后转动扣眼，再剪另一边，便于让扣眼完全打开。你必须使用尖头的剪刀、绣花小剪刀或剃须刀刀片。小心别把扣眼缝线剪断。

步骤9C
直线型扣眼缝制完成。

自我检查

- ☐ 纽扣的选择是否符合面料的保养需求？
- ☐ 是否留了足够的线柄高度满足面料的厚度？
- ☐ 是否准确地规划了衣服的纽扣位置？
- ☐ 是否测量了带柄纽扣并添加了正确的放松量？

模块2：
缝制锁眼型扣眼

小技巧：
锁眼型扣眼的衣服比直线型扣眼的衣服更容易解开纽扣。

步骤1
首先选择机器上锁眼型扣眼的设置，以及想要的长度，线迹大小和疏密程度。

步骤2
现在把布料放到压脚下，将缝针对准扣眼标记，然后放下压脚，就像做直线型扣眼的那样。启动机器开始工作。

步骤3
随着机器自动缝制扣眼，会轻轻地牵引面料。扣眼的圆形部分必须最接近中心线。

步骤4
打好扣眼后，提起压脚，从缝纫机上拿走面料。

步骤5A
修剪锁眼型扣眼两边的线头。

步骤5B
机缝锁眼型扣眼缝制完成。

第7章

针织物

由于梭织物和针织物的性能有很大的不同，所以这章开始介绍针织物。接下来将会学习针织物的结构，了解纬编组织和经编组织的异同。接着，介绍针织物的成型原理，详细讨论在设计时，选择合适的针织面料需要考虑的关键因素：弹性、回复率、重量和缩率。了解针织物在不同方向上的弹性和拉伸率。

选用适当的缝纫工艺缝制接缝和下摆，确保制作的针织服装拥有整洁精致的外观。针织物缝边工艺包括锁式缝、包缝、绷缝和链式缝这四种工艺。针织物下摆的缝制可以选用包缝、绷缝或链式缝。

使针织物服装领口平整服贴的关键是选择最佳的缝制工艺。这里有两个选择，一个是包缝和链式缝，另一个是先包缝，再用绷缝机完成。

针织物简介

学习内容

☐ 区分梭织物和针织织物的结构，辨别不同类型的针织物组织，并使用正确的术语；

☐ 纬编组织：描述各类单面组织、双反面组织、罗纹组织和特殊组织，如双罗纹组织、罗马组织；

☐ 经编组织：区分特里科经编组织和拉舍尔经编组织的不同；

☐ 常用针织纤维和混纺织物的概述。

扎拉多休闲针织连帽衫搭配一条束腰带，2016年9月

梭织物中的平纹织物是由两组纱线交织而成。这里有一块白坯布（或薄棉布），长度方向或者经纱在垂直方向，横向或者纬纱在水平方向。

梭织物在经向上没有弹性，纬向(或横向)有一点弹性。如右图所展示的，沿斜向拉伸的弹性最大。

如下图演示，在一块小的样片上轻轻拉出一根经纱后，织物上会留下一条空白。

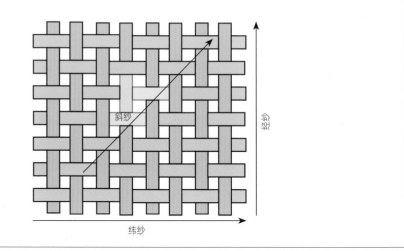

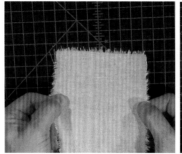

梭织物沿横向拉伸有一点弹性　　　　梭织物沿斜向拉伸的弹性最大　　　　抽掉一根经纱

针织物是通过织针将纱线织成线圈，当一个新的线圈穿过另一个线圈时，一个基础针就完成了。针织物在纵向的一排叫做线纵圈行，在横向的一排叫做线横圈列。

当一个新线圈通过另一个线圈形成的基础线圈叫平针，或者是面针。它的反面叫底针。

针织服装和梭织服装的样版也有很大的不同。梭织服装包括穿着松量。针织服装有极少的松量，或者没有松量，有时被称为"负松量"。

针织物沿水平方向编织，称为纬编组织；沿垂直方向编织，称为经编组织。

针织物的弹性受织物组织和纱线的纤维类型影响。可以沿横向拉伸，有时也可以沿纵向拉伸。

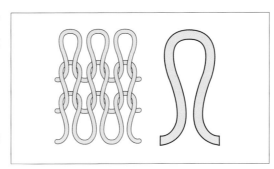

串套的纱线形成了针织物

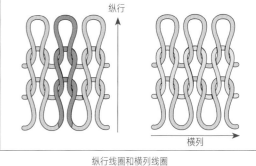

纵行线圈和横列线圈

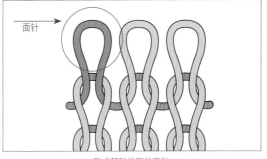

形成基础线圈的面针

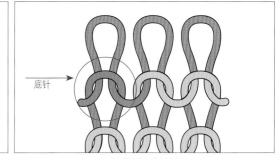

反面的针迹（底针）

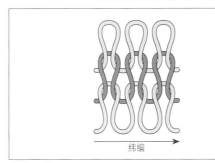

水平方向编织的针织物=纬编组织针织物

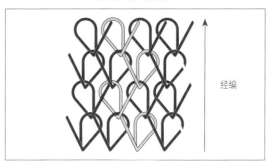

垂直方向编织的针织物=经编组织针织物

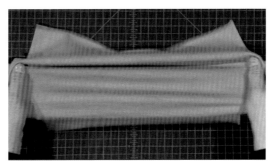

针织物

针织物最常见的编织方法是手工编织，用织针织出纬编组织的织物。

针织物也可以用机器生产。第一种是圆筒针织机，生产管状纬编组织的针织物。圆筒针织机也可以生产连裤袜（紧身衣）。

第二种是横机，生产纬编或经编组织的平针织物。

手工编织

圆筒针织机

横机

纬编组织

纬编组织织物可以手工编织或者机器生产，分为三种基本类型。这三种类型都是由简单的面针和底针组成：

1. 单面组织
2. 罗纹组织
3. 双反面组织

单面组织

单面组织有一个"低针"（表示面针）和一个相应的"高针"（表示底针）。这意味着织物的正面是光滑的，背面是有纹理的。

单面组织是用横机或圆筒针织机在一排针床上生产的。单面针织机也叫平针织机，所有的针都在同一个方向。

单面组织织物的主要特点是结构不平衡（面针在前面和底针在后面），容易卷边。当一根纱线断掉，会导致线圈沿纵行连续散开。

当针织物叠放在裁床上时，纱向必须沿着同一个方向放置，这样织物就会沿着下摆向上裁而不是沿着领口方向向下裁。

小技巧：
把针织物放在桌子上准备裁剪时，每铺一层记为一层。当铺上很多层时，称为"叠层"。

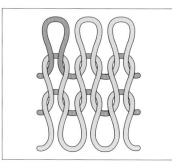
单面组织的低针

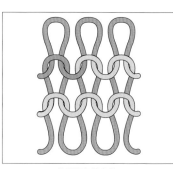
单面组织的高针

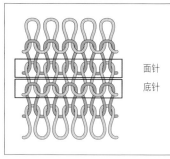
面针
底针
双反面组织

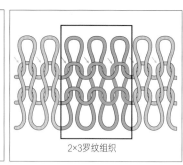
2×3罗纹组织
罗纹组织

罗纹组织

正面线圈纵行和反面线圈纵行以一定组合相间配置而成，每个纵行都包含整个面针或者整个底针。罗纹组织的针织物平放不会卷曲。

2x2罗纹组织的特点：正面两支相连纵行线圈交替反面的两支相连的纵行线圈。2x3罗纹组织：正面两支相连纵行线圈交替反面三支相连纵行线圈。

罗纹组织织物是在两排针相互成直角的横机或者圆筒机上生产的。

双反面组织

双反面组织的针迹是沿水平方向分布，由正面线圈横列和反面线圈横列相互交替配置成。

双反面组织织物是在一种双针床舌针纬编机上生产的，有平形和圆形两种，有时被称为双反面针织机。它有两排针床和一套双头舌针，是一种最通用的针织机，能生产平纹组织、罗纹组织和双反面组织的针织物。

双反面组织的针织物平放不会卷曲，纵向有很好的延伸度。双面的组织使织物更加厚重，比单面组织针织物有更好的保暖性，通常用于毛衣和外套。

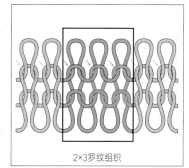

2×3罗纹组织

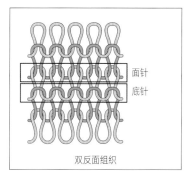

双反面组织

特殊组织

特殊的纬编组织包括双罗纹组织（也叫双面组织）。变化的双面组织叫罗马组织。

双罗纹组织

这种变化的罗纹组织是在双罗纹针织机上生产的，它的线圈纵行彼此复合。通过横向分开织物来识别双罗纹组织；如果一排的针迹在另一排后面，此织物就是双罗纹组织；如果正面线圈纵行和反面交替，这种织物是有规则的罗纹组织。

双罗纹组织的针织物是一种平滑、稳定、不易变形的织物，适合丝网印刷或热转印。

罗马组织

这种特殊的罗纹组织是在罗纹针织机或者双罗纹针织机上生产的。紧密的针迹使其具有良好的稳定性和保形性，且比单面组织的针织物更加厚重。

双面组织

简单类型的双面组织的两面十分相似，对于复杂的双面组织，它的正面和反面看起来会有些不同，有的还有特殊的图案或者设计效果。

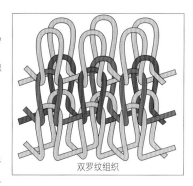

双罗纹组织

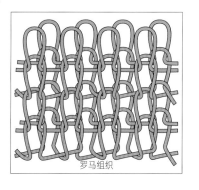

罗马组织

经编组织

经编组织只能在横机上生产。经编组织的纱线在垂直方向上从一边横穿到另一边，从而形成织物。经编组织的两种主要类型是特里科和拉舍尔。

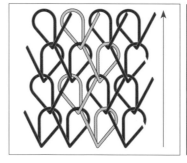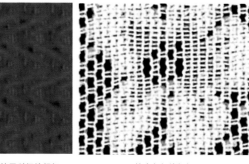

经编组织　　　　特里科经编组织　　特里科经编组织　　　　拉舍尔经编组织
　　　　　　　　　　（正面）　　　　　（反面）

特里科经编组织

与拉舍尔经编组织的针织物相比，特里科经编组织的针织物单位重量更轻，产量更高。在特里科经编组织的反面，纱线形成"Z"字图案。科里特经编组织的针织物主要用于内衣和休闲服。在服装工业中作为一种轻薄易熔的黏合材料。

拉舍尔经编组织

拉舍尔经编组织类似于科里特经编组织，但是拉舍尔经编组织需要拉舍尔针织机才能生产。拉舍尔经编组织织物种类繁多，从应用于基础服装和泳衣的蕾丝面料和弹力网布，到厚重的毛毯。拉舍尔针织机还可以生产三维组织的织物，比如用于保暖内衣的华夫格面料。

针织物纤维

针织物有多种纤维组成，比如：

- 羊毛　　• 醋纤　　• 棉
- 人造丝　• 氨纶　　• 羊绒
- 竹纤维　• 涤纶

针织物最常见的混合纤维，如棉/涤纶。织物也可以是单一的纤维，如羊毛，蚕丝，或者亚麻。

针织物可以用以下纤维混纺：

- 棉/氨纶　　• 莫代尔/氨纶
- 尼龙/氨纶　• 人造丝/氨纶

在欧洲国家，氨纶被称为弹性纤维，人造丝被称为黏胶纤维。莱卡是氨纶的一种。

在服装的标签上，混纺织物通常在纤维之间用斜线"/"隔开。标签上还可以表示纱线中各纤维的百分比。

针织物的特性

学习内容

☐ 了解针织物的主要特性：弹性、回复率、密度和回缩；

☐ 确定一块针织物是否有单向、双向、三向或四向弹性，并用手指做弹性回复率测试；

☐ 学会使用弹性分类、拉伸率表，并确定样片上的拉伸率；

☐ 在人台上计算和检查织物的弹性，有助于选择正确的服装样版。

工具和用品：

- 人台（人体模块）
- 6mm宽胶带
- 安全大头针
- 高弹氨纶罗纹组织针织物
- 罗马组织针织物
- 无光针织物
- 单面组织的针织物
- 含有氨纶的单面组织针织物
- 罗纹组织针织物
- 针织物重量表
- 拉伸百分比表
- 弹性计算表

在购买或者使用针织物做设计时，要考虑以下四个关键特征：

1. 弹性
2. 回复率
3. 密度
4. 回缩

弹性

针织物能沿纵向或横向拉伸，或者沿两个方向同时拉伸。这取决于它们的组织结构和纤维成分。针织物的拉伸程度也各不相同，这两个方面将在模块2和3中详细讨论。

回复率

除了针织物的拉伸方向、拉伸程度，还需要考虑它是否具有良好的回复率。也就是说，当向两个方向拉伸后，织物能回复到原来的状态，还是仍然保持拉伸后的形状，且尺寸变大。

这里演示者用手指戳针织物，检查回复情况。针织裤穿过几次后，膝盖就会拱起。在纺织业，这种未回复的阶段被称为"伸长"。

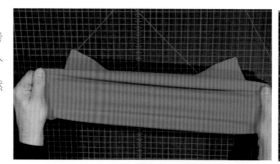

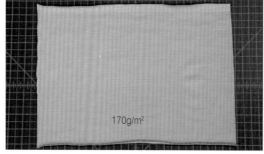

测试回复率

密度

与梭织物一样，在设计不同类型的针织服时，密度也是需要考虑的因素。例如：一件针织T恤需要选择比裤子或者夹克更轻的面料。

170g/m²

单面组织T恤

288g/m²

罗马组织织物

针织物的密度用每平方米的克数来表示。例如：单面组织的织物适合做T恤针织衫，一件衣服的重量约为142g。而罗马组织的织物更适合做裤子，一条裤子的重量约241g。

下表为样品的密度范围：从超轻到超重，注意相应织物的密度分类和描述差异。例如：深蓝色罗纹组织的针织物被描述为"轻量级"，但它属于"重"类别，而宝蓝色罗纹组织的针织物被描述为"重量级"，却属于"超重"类别。一个更为熟悉的例子是T恤的分类和描述。T恤的描述为"轻量级"（123g），"重量级"（174g）和"标准"（156g）。

针织物密度表

织物密度	g/m²	样品重量
最重= 227（或者低于227）		
超轻	68 – 136	
轻	136 – 204	153（灰色）单面组织的针织物
最轻= 227（或者高于227）		
中等	204 – 272	221（紫色）单面组织的针织物
微重	272 – 339	234（橙色）罗马组织的针织物
重	339 – 407	291（深蓝）轻量级罗纹组织的针织物
		295（蔓越莓酒色）双面组织的针织物
超重	407 – 475	371（宝蓝色）重量级罗纹组织的针织物
		（烧酒色）细罗纹组织的针织物

回缩

针织物回缩有以下几种原因：

• 工厂加工不当。在生产的最后阶段，熨烫后出现了回缩。

• 工厂剪裁和缝纫前，在裁床上铺开叠放织物时，织物会出现回缩。建议裁剪之前，先铺开放一晚上，让织物进行自然回缩。

• 在卷轴上的织物会出现扭曲和拉伸变形。如果裁剪时仍然是扭曲的状态，当织物再次处于松弛状态就会出现回缩。

• 对成衣的反复洗涤也会产生回缩的问题。建议用预缩过的织物或者换用样版来弥补最终的回缩问题。

单向、双向和四向弹性

织物的弹性方向有很多，但主要的有三种：单向、双向和四向。

单向弹性的针织物是指在横向拉伸有弹性，沿纵向拉伸没有弹性。这是由织物的组织结构所决定的。

许多针织物有双向弹性，但双向弹性主要是指针织物在横向拉伸的弹性为50%或者更多，纵向拉伸的弹性为50%~70%。

四向弹性存在于含有高弹氨纶的织物中，在两个方向的极限拉伸的弹性为100%或者更多。

单向弹性

这件100%羊毛的单面组织针织物能沿横向（从边到边）拉伸，纵向没有弹性。因此，它被归为单向弹性针织物。

此外，演示者用手指拉针织物，判断它的回复情况。这种针织物回复性能良好。

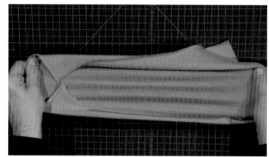

沿横向拉伸

纵向没有弹性

手指测试

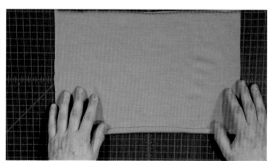

织物回复性能良好

双向弹性

现在测试双向弹性的针织物。采用的样片是人造丝、竹纤维和氨纶混纺的单面组织针织物。除了测试针织物的拉伸率外，演示者通过测量拉伸前后样片的长度来测试织物的回复情况。拉伸前，样片横宽35.5cm，纵长23cm 。

现在演示者沿横向和纵向拉伸织物，确认它是真正的双向弹性织物——在横向的拉伸弹性为50%，在纵向的拉伸弹性为50%～70%。

然后，把样片平放在桌上。经过拉伸后，单面组织的针织物测得横宽和纵长依然是35.5cm和23cm。这意味着它将是紧身衣和贴身服装面料的良好选择。

四向弹性

为了展示四向弹性针织物沿横向和纵向上的拉伸效果，选择了一块人造丝/氨纶，且含有8%的氨纶的单面组织针织物。

演示者演示了在横向和纵向两个方向上的最大拉伸量。四向织物在横向和纵向的拉伸弹性拉伸至少是100%。

接着，演示者进行手指弹性回复率测试，验证织物中含有高弹氨纶。它良好的弹性回复能力，是运动服、塑身衣或泳装的理想面料选择。演示者把织物放回原来网格标记过的桌上，标记完全重合，表示织物回复性能良好。

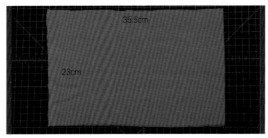
最初的样片横宽35.5cm，纵长23cm

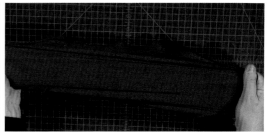
样片沿横向和纵向拉伸（横向50%，纵向50%～70%）

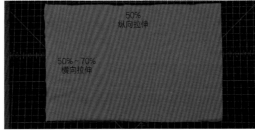
拉伸后，样品完全回复

人造丝/氨纶单面针织物样片

沿横向拉伸

沿纵向拉伸

手指测试

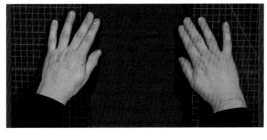

样片具有好的弹性回复性能

拉伸率分类

拉伸率是一种特定织物的拉伸程度的表示，由织物的组织结构和纤维类型决定。用针织物做设计时，需要熟悉以下六类织物的拉伸率：

稳定的针织物

中等弹性针织物

双向弹性针织物

超强弹性针织物

罗纹组织针织物

四向弹性针织物

超强弹性针织物和罗纹组织针织物的拉伸率是相同的。

在制作针织物的样版前，都要先测试针织物拉伸率，如下所示。如果针织物的拉伸率少于18%，可以使用梭织物的样版。

测定织物拉伸率的一个简单方法是用费尔盖特（Fairgate）公司生产的针织尺。然而，在演示中使用的是卷尺。费尔盖特针织尺的拉伸率要基于12.5cm长的织物。

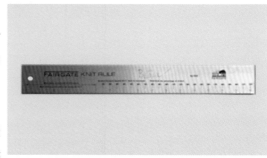

费尔盖特针织尺提供一个简单方法来测量织物的弹性。测量一段12.5cm的织物，然后记录样片被拉伸的程度

拉伸百分率表

六种针织物的分类是由其拉伸率的范围决定的，下表是基于12.5cm长织物的拉伸率总结。

织物类型	沿横向拉伸的百分比	12.5 cm拉伸到……
稳定针织物	拉伸率18%~25%	14.5~16cm
中等弹性针织物	拉伸率25%~50%	16~19cm
双向弹性针织物	在横向的拉伸率50%或者更多，在纵向的拉伸率50%~75%	19~25.5cm
超强弹性针织物	在横向拉伸率75%-100%	25.5cm或者更多
罗纹组织针织物	拉伸率达到100%	25.5cm或者更多
四向弹性针织物	在两个方向的拉伸率均为100%，加莱卡有利于拉伸	25.5cm或者更多

*织物的拉伸小于18%，与梭织物的样版通用

$$拉伸率 = \frac{（新长度-原长度）}{原长度} \times 100\%$$

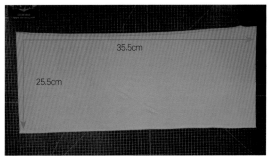

稳定针织物：拉伸率18%～25%

首先，演示一个稳定针织物的拉伸试验。样片是一块100%羊毛的单面组织针织物，具有单向弹力，测量其横宽35.5cm，纵长25.5cm。

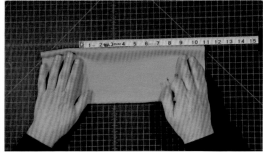

将织物沿纵向折叠，然后将卷尺沿着折痕对齐，使织物超出卷尺的起始长度7.5cm。

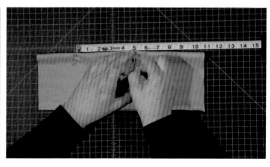

用安全大头针在"0"刻度处把两层固定在一起，另一个固定在12.5cm处。

227

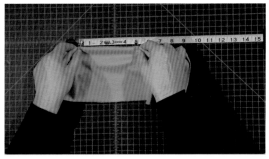

双手紧紧抓住织物上的大头针，将织物一端固定在"0"处的同时把织物向右拉。

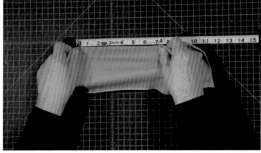

当织物拉伸到最大程度时，能感觉到织物变硬。减少一些拉力，织物不会被拉太紧。如果出现褶皱，则织物被拉伸得太长。

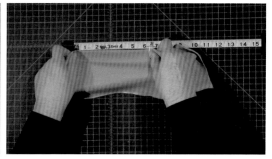

由于这种织物最大拉伸达15.9cm，它的拉伸率约为25%。参照表中对应数据，这块单面组织的羊毛针织物属于稳定针织物。

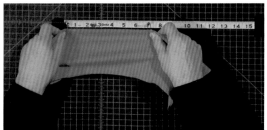

中等弹性针织物：拉伸率25%～50%

测试一块棉/氨纶的罗马组织样片，横宽35.5cm，纵长25.5cm。样片被拉伸到18cm，归为中等弹性针织物。尽管这种织物可以双向拉伸，但在横向的弹性没有超过50%，因此不是双向弹性织物。

双向弹性针织物：拉伸率50%以上

演示一个双向弹性织物拉伸的例子，测试一种由黏胶和5%的氨纶织成的优良罗纹组织针织物。重复固定大头针和拉伸织物的过程，在横向上拉伸到约20.5cm，这是将它归为双向弹性针织物的原因。

为了计算拉伸的百分比，用226页的公式：

1. 新长度减去原长度，15.9cm-12.7cm=3.2cm
2. 得到的答案除以原来的长度，3.2cm/12.7cm=0.25
3. 新答案再乘于100%，0.25×100%=25%

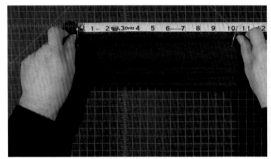

超强弹性针织物 拉伸率100%

这是一块由莫代尔/氨纶织成的单面组织样片，含8%的氨纶。放上大头针并拉伸后，这种织物可拉伸到25.5cm左右，100%的拉伸率。将这种织物归为超强弹性针织物。

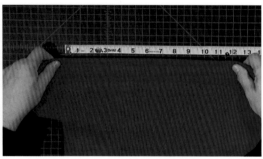

罗纹组织针织物，拉伸率100%以上

接着，演示一块横宽为28cm的100%羊毛的2x2罗纹组织针织物，样片拉伸长度超过了28cm的标记——也就是拉伸率超过100%，将其归为罗纹组织针织物。

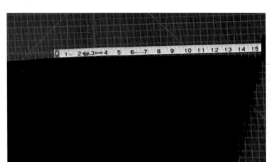

无光针织物

为了了解另一种流行织物的类别和拉伸率，这里用一个100%拉伸率的人造丝织成的无光针织物演示。

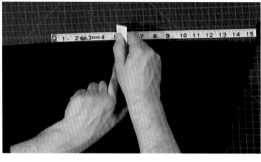

用划粉在织物上作标记并测量织物。这里在"0"刻度处作标记，然后测量12.7cm，再作一个标记。

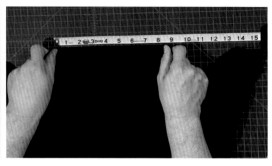

重复紧握大头针和拉伸织物的过程，这种无光针织物可以被拉长到20.5cm或者60%，将它归为双向针织物。

模块4：
测试人台上针织物的弹性

步骤1A
评估一个特定针织物的弹性，可以决定使用哪一个织物样版。在人台上做测试，可以直接看到织物在人体上的状态。下面演示如何利用人台胸围线测试五种不同类型的针织物。

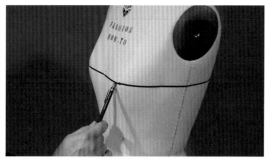

步骤1B
在测试前，先用标记带从一个胸点到另一个胸点将人台胸围连接起来，使标记线与地面平行。每隔几厘米固定一个大头针，起引导作用，这样可以透过织物感觉到人台上的胸围线。

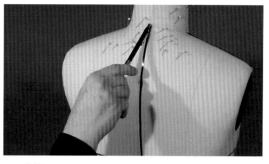

步骤2A
在后中也贴上标记线。从颈部开始……

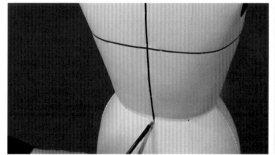

……到腰部结束。

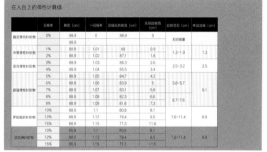

在人台上的弹性计算值

	回缩率	胸围 (cm)	1+回缩率	回缩后的周长 (cm)	实际回缩值 (cm)	回缩直径 (cm)	样品回缩 (cm)
稳定单向针织物	0%	88.9		0	88.9	0	
		88.9				无回缩量	
中等弹性针织物	1%	88.9	1.01	88	0.9	1.3-1.9	1.3
	2%	88.9	1.02	87.1	1.8		
双向弹性针织物	3%	88.9	1.03	86.3	2.6	2.5-3.2	2.5
	4%	88.9	1.04	85.5	3.4		
	5%	88.9	1.05	84.7	4.2		
超强弹性针织物	6%	88.9	1.06	83.9	5	3.8-5.7	
	7%	88.9	1.07	83.1	5.8		5.1
	8%	88.9	1.08	82.3	6.6	6.7-7.6	
	9%	88.9	1.09	81.6	7.3		
罗纹组织针织物	10%	88.9	1.1	80.8	8.1		
	12%	88.9	1.12	79.4	9.5	7.6-11.4	8.9
	15%	88.9	1.15	77.3	11.6		
四向拉伸织物	10%	88.9	1.1	80.8	8.1		
	12%	88.9	1.12	79.4	9.5	7.6-11.4	8.9
	15%	88.9	1.15	77.3	11.6		

步骤2B
参考230页人台上的弹性计算表。这个表是基于89cm胸围的计算方法。

小技巧：
服装样版是基础的样版，没有缝份。由此产生了各种各样的设计样式。服装样版可以通过测量人体来制版，或者在人台上立体裁剪。

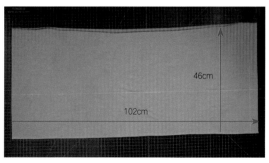

步骤3A
先测试一个稳定针织物——100%羊毛的单面组织针织物。首先，量取横宽为102cm，纵长为46cm的样片。

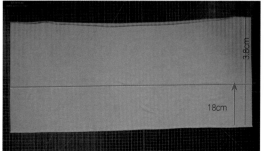

步骤3B
用划粉在距离织物右侧3.8cm画一条直线，代表后中。从底部边缘向上18cm，用划粉平行织物的宽度画出胸围线。

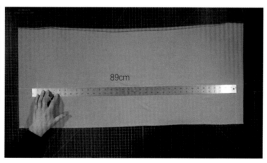

步骤3C
用91cm的金属尺，沿胸围线3.8cm处的标记开始测量胸宽，并作标记。这里使用的模特胸围是89cm。

在人台上的弹性计算值

	回缩率	胸围（cm）	1+回缩率	回缩后的胸围（cm）	实际回缩值（cm）	回缩范围（cm）	样品回缩（cm）
稳定单向针织物	0%	88.9	0	88.9	0	无回缩量	
		88.9					
中等弹性针织物	1%	88.9	1.01	88	0.9	1.3~1.9	1.3
	2%	88.9	1.02	87.1	1.8		
双向弹性针织物	3%	88.9	1.03	86.3	2.6	2.5~3.2	2.5
	4%	88.9	1.04	85.5	3.4		
超强弹性针织物	5%	88.9	1.05	84.7	4.2	3.8~5.7	5.1
	6%	88.9	1.06	83.9	5		
	7%	88.9	1.07	83.1	5.8		
	8%	88.9	1.08	82.3	6.6	6.7~7.6	
	9%	88.9	1.09	81.6	7.3		
罗纹组织针织物	10%	88.9	1.1	80.8	8.1	7.6~11.4	8.9
	12%	88.9	1.12	79.4	9.5		
	15%	88.9	1.15	77.3	11.6		
四向弹针织物	10%	88.9	1.1	80.8	8.1	7.6~11.4	8.9
	12%	88.9	1.12	79.4	9.5		
	15%	88.9	1.15	77.3	11.6		

小技巧:

为什么每个类别的织物都被标记一个小的增量?在测试了许多织物后,确定了适用于每个类别的缩减范围,使织物能达到良好的贴身效果,并能够防止针迹破损、接缝断裂和织物变形。通过人台上的弹性计算,从数学上说明了这些数值是如何确定的。

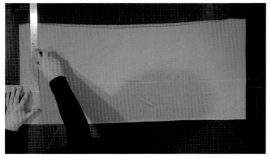

步骤4

将L形直角尺放在胸围线的标记上,画一条胸围线的垂线,垂线连接织物的一端与另一端,作为稳定针织物的标记。

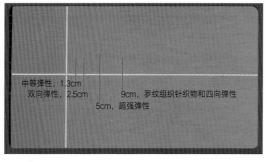

步骤5

接着,在胸围线上再画出另外四个类别的标记。距稳定针织物的垂线1.3cm处画垂线,代表中等弹性针织物;距稳定针织物的垂线2.5cm处画垂线,代表双向弹性针织物;距稳定针织物的垂线5cm处画垂线,代表超强弹性针织物;最后,距稳定针织物的垂线9cm处画垂线,代表罗纹组织针织物和四向弹性针织物。

231

步骤6A

将织物与人台的胸围线和后中线都对齐,并用大头针分别固定住肩部、后中与胸围线的交点和胸围线以上的后中部。

用大头针从后中固定到腰部。

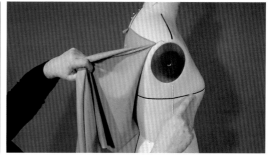

步骤6B

小心地将织物包裹在人台上,使织物上的胸围线与人台上标记的胸围线保持重合。

再把织物裹到前中…

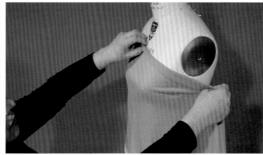

步骤6C

经过胸点,继续将织物上的胸围线与人台上的胸围线对齐。

步骤6D

现在将稳定针织物的标记点和后中与胸围线的交点对齐。

对齐后，用大头针固定住这个点。

步骤6E
再用大头针固定住面料的上边缘，防止织物卷曲。

用手指感受织物下的大头针，使织物上的胸围线与人台上的胸围线标记线对齐。

步骤6F
继续检查，感受胸围线上后面、侧面和前面的大头针，使织物上的胸围线和人台的胸围线保持重合，且沿着胸围一周的织物没有压力点。

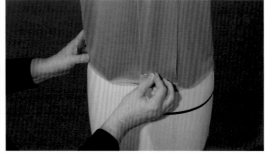

步骤6G
固定腰线与后中的交点，使织物上的标记线与人台的后中对齐。

步骤6H
这种织物既没有穿着松量，也没有设计松量，能够完全贴合89cm胸围的人体，人台的胸围也为89cm。

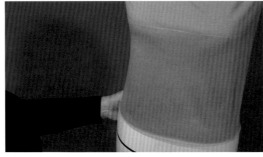

由于这种织物悬垂性好，没有压力或者弹性。如果用这种织物做服装面料，可以选择稳定针织物的样版。

步骤7A
接着，测试相邻的划粉线迹——中等弹性针织物的标记。

沿后中解开织物，为重复测试做准备。

232

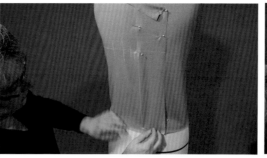

这次，将中等弹性针织物的后中标记与胸围线交点对齐。

固定腰线与后中的交点位置。

步骤7B

将人台转到前面，使胸围线在同一水平线上，测试中等弹性针织物，评估在左、右胸点是否有压力线。

步骤7C

由于在中等弹性针织物的标记上没有明显的压力线，所以这个样版是可以使用的，尤其适合设计一个比稳定针织物样版稍微紧身的服装。

步骤8A

接着，测试双向弹性针织物的标记，重复这些步骤看针织物发生什么变化。

步骤8B

解开织物的后中，将双向弹性针织物的后中与胸围线交点处和人台后中与胸围交点对齐，注意演示者是如何用力将织物对齐的。

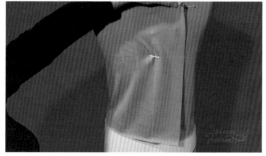

固定住织物的这个交点。

步骤8C

将织物与人台的胸围线对齐，两胸点之间有相当大的拉力，因此表明双向弹性针织物的样版不能使用。

选择一个由于面料弹力不足而太紧的织物样版，那么这件服装就会很不合身以及接缝处会出现断裂。

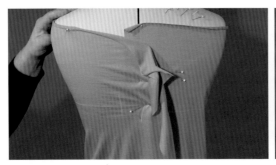  

步骤9A

虽然已经证明了双向弹性针织物的样版不能使用，但是依然展示了在超强弹性针织物标记点处的样版效果。

步骤9B

结果表明，超强弹性针织物的样版完全不合适。

步骤10

当选择样版时，重复这些步骤，可以确定针织物的拉伸弹性，选择合适的样版。

针织物的缝制

学习内容

☐ 适用于轻薄型到中厚型的针织物的基础包缝：三线包缝、安全缝（这个应该是绷缝）和链式缝；

☐ 了解如何缝制贴带肩缝；

☐ 探索缝纫机的基本缝法，如曲折缝。

Akademics 莱卡弹力裤，2016

工具和用品：

• 单面组织的羊毛针织物　　　• 包缝机（拷边机）

• 加氨纶的罗马组织针织物　　• 缝纫机

• 搭配棉线

• 6mm宽的棉斜纹带

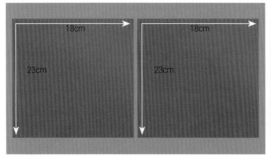

步骤1A

这节课中需要准备两块横宽18cm，纵长23cm的单面组织的羊毛针织物，这种缝合方式也可以用在轻薄型到中厚型的织物上。

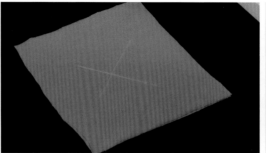

步骤1B

用划粉在每一块的反面画一个"X"作为标记，然后将它们的正面对齐。

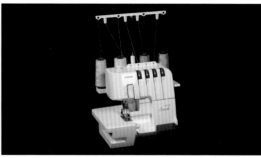

步骤2A

这节课将使用两针"Brother 3034D"型包缝机做演示。

步骤2B

抬起包缝机的压脚，把两块织物长边的顶端放在压脚下，然后放下压脚。

步骤3

现在边缘缝制，不要拉伸织物。在缝制时，确保上面、下面的织物能够对齐。附在包缝机上的小刀有修边的功能。适当修剪一些是好的，但不要修剪太多，否则会改变缝宽。

步骤4A

一名熟练的裁缝提示：在缝制结束时，准备好一块边角料。当到达织物末端，抬起压脚，把边角料放在压脚下，放下压脚，然后缝完边角料。这有助于防止断线。

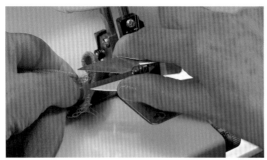

步骤4B

剪断边角料和织物之间的线头。

步骤4C

现在已经完成了包缝。这种线迹用于运动服、休闲服和游泳衣等需要薄缝边的地方。

肩部贴带缝

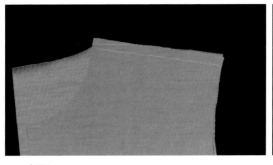

步骤1

这节课需要准备一个有前、后肩的单面组织的羊毛针织物样片，用"X"标记反面，然后把正面对齐放在一起。

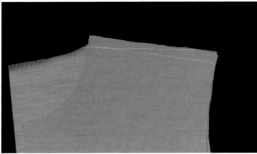

步骤2

距布边1.3cm处，用划粉画出缝合线的位置。

步骤3

将6mm宽的斜纹带放在肩缝线上比对长度，然后沿织物边剪断。

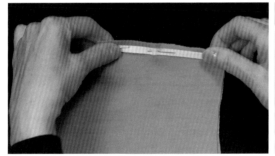

步骤4

沿肩缝线，用大头针将织物和斜纹带固定在一起。

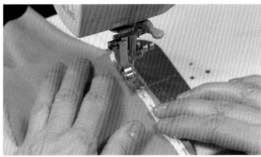

步骤5A

用平缝机以2.5mm的针距将斜纹带缝到肩上。缝制开始时需要回针，在缝制前取下大头针。

步骤5B

用手指控制住斜纹带，使织物不被拉伸，这样在缝制结束时，织物长度就不会超出斜纹带的长度。最后打回针并剪断线头。

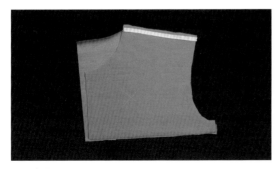

步骤6

现在完成了肩部贴带缝。这种方法使肩部接缝更稳固，并且能够防止拉伸。

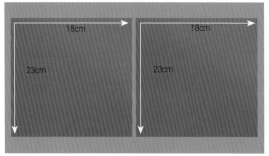
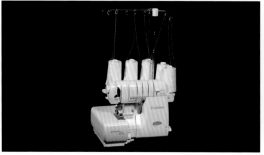

步骤1A

这节课需要准备两块横宽为18cm,纵长为23cm的单面组织的羊毛针织物。这种缝合方式适用于所有轻薄型和中厚型的针织物。

步骤2A

这节课将使用一个小型包缝机来演示安全缝迹。这种缝迹包括链式缝和包边缝。

步骤2B

抬起压脚,将两块正面对齐的织物沿右侧纵向布边放在压脚下。

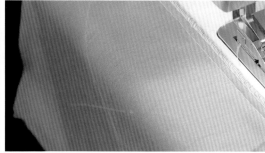

步骤3A

以机器的压脚为导向,开始缝制。在缝制时不要拉伸,检查上、下片织物的边是否对齐。包缝机的小刀有修边的功能,适当修剪一些是好的,但不要修剪太多,否则会改变缝宽。

步骤3B

缝完后再缝几针,然后小心地剪断线头。

步骤4A

注意这种类型的线迹只出现在样片的一面。

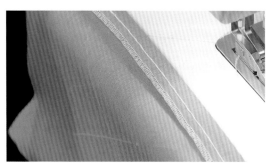

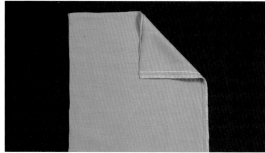

步骤4B

然后把样片翻过来,链式缝迹已经缝制在另一面上了。

步骤4C

这种类型的针织缝在拉伸时不会断开,是运动服的最佳选择。

步骤4D

现在完成了安全缝。

模块4：

链式缝

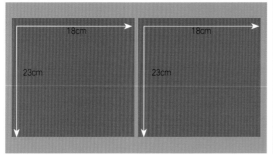

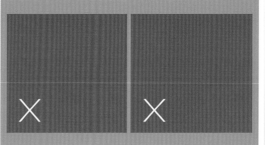

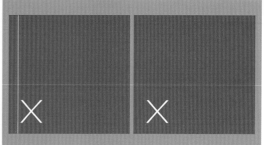

步骤1A

这节课需要准备两块横宽18cm，纵长23cm罗马组织的羊毛针织物。这种缝合方式适合所有轻薄型和中厚型的针织物。

在每块织物的反面上画"X"。

步骤1B

在其中一块的反面，沿长边画出1.3cm宽的缝份。

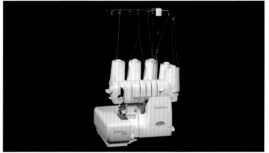

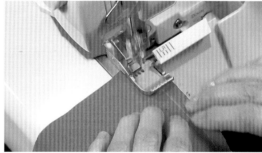

步骤2

这节课将使用小型包缝机边来演示链式线迹。

步骤3A

将这两块织物的正面相对，将织物右侧的长边放在压脚的右边。注意在开始缝制前，准备一块边角料放在压脚下。

步骤3B

先在织物边角料上缝几针，然后沿着划粉的痕迹将织物送进压脚。

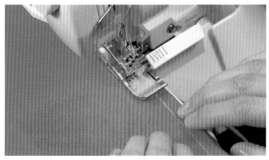

步骤3C

在缝制时，不要拉伸织物，检查上下的布边是否始终对齐。如前所述，附在机器上的小刀有修边的功能。适当修剪一些是好的，但不要修剪太多，否则会改变缝宽。

步骤3D

在缝制完成前，拿起另一块边角料，继续缝在上面防止断线。

步骤4

接着，剪断线头。

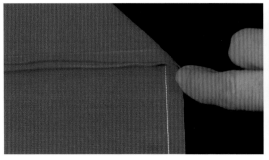

步骤5A

注意上面的缝迹看起来像平缝线迹，而下面的线迹像链式线迹。

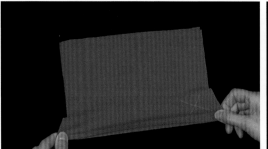

步骤5B

拉伸缝制的线迹，缝线不会断裂或断开。

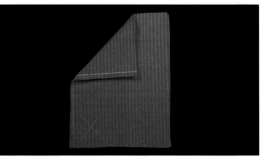

步骤5C

现在完成了链式缝。这种线迹最常被用于边缘不会卷曲的双面组织针织物和人造丝无光针织物。

模块5：
曲折缝

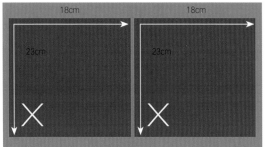

步骤1A

这节课需要准备两块横宽18cm，纵长23cm罗马组织的羊毛针织物，在两块织物的反面各画一个"X"。

步骤1B

这节课将在一台"Brother pacesetter 3700"型缝纫机上示范。设置针迹的宽度为3mm，针迹每厘米约5针（每针长2.1mm）。

步骤2A

将两块织物的正面对齐，距织物长边2.5cm放在压脚下。

从上向下缝合。

步骤2B

把织物翻过来看完成的缝迹，然后剪掉线头。

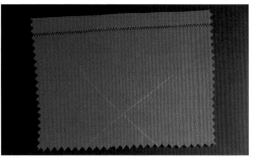

步骤3

将缝份修剪到1cm，现在完成了曲折缝，它适用于所有的轻薄型到中厚型的针织物。

针织下摆的缝制

学习内容

☐ 使用包缝机缝制下摆，包括环针法的包缝下摆和链式缝的下摆；

☐ 使用绷缝机缝制一个两针绷缝的下摆和一个三针绷缝的下摆。

法国鳄鱼品牌（Lacoste）针织连帽裙，2016年9月

工具和用品：

· 单面组织针织物
· 带有氨纶的罗马组织针织物
· 搭配棉缝线

· 包缝机（拷边机）
· 绷缝机

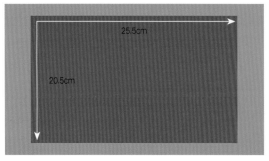

步骤1A

这节课需要准备一块横宽25.5cm，纵长20.5cm的罗马组织的羊毛针织物，也可以使用双面组织的针织物或者其他中厚型的针织物。

步骤1B

在针织物的反面，沿宽边量出3.8cm，然后用划粉画出下摆线。

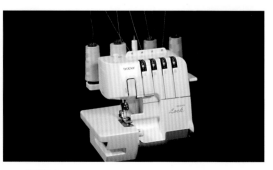

步骤2A

这节课将用两针"Broth Er3034D"型包缝机演示。

步骤2B

抬起压脚，将针织物反面向上，宽边放入，然后放下压脚。

步骤3

沿着织物的宽边缝制。注意不要离得太近，附在包缝机上的小刀有修边的功能。适当修剪是好的，但不要修剪太多，否则会改变下摆的宽度。

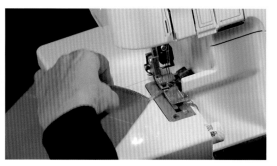

步骤4A

织物缝制完成后，再多缝几针。

步骤4B

抬起压脚，靠近织物剪断线头。

步骤5A

沿着划粉线把下摆翻过来。

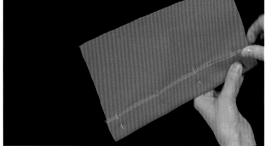

步骤5B

用大头针把下摆固定住，使大头针与服装的下摆垂直。

步骤6A
手缝针穿线并打线结。然后，从下摆折边的包缝线迹下方穿入，并从上方拉出。

步骤6B
现在用针尖从织物上挑起一根纱。

步骤6C
在第一针的位置再次穿进下摆固定第一针。然后，再把线穿到上方。

步骤7
第二针距第一针1.3cm，重复这个过程，用针尖在织物上挑起一根纱，然后，再把线拉上来。

步骤8
现在缝第三针，距前一针1.3cm。再次，用针尖在织物上挑起一根纱。手针缝制的线迹在包缝线迹的下面。每一针大约是2mm长，并尽可能缝制松一点，这样织物在拉伸时，线迹就不会开裂。

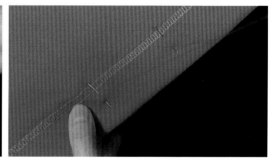

步骤9
在缝制的过程中取下大头针，重复这些步骤完成下摆的缝制。记住保持线迹宽松。因为拉伸织物时，缝线也会被拉伸。

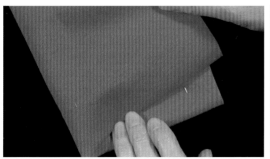

步骤10
把织物翻到正面检查，是看不到针迹的。

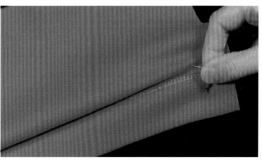

步骤11
通过拉伸织物来测试缝线的张力，确保线迹不会断。

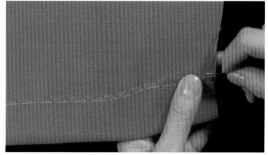

步骤12
到达终点，缝一个双锁针。先在织物上缝一针，再在下摆上缝相应的一针使其形成一个线圈。把针穿过这个线圈以固定住这个地方，重复这个过程来缝制第二个锁针，然后，剪断线头。

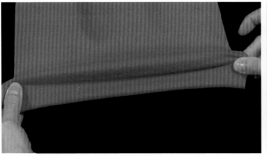

步骤13A

将面料再翻到正面检查一次，确保拉伸下摆时线迹不会断裂。

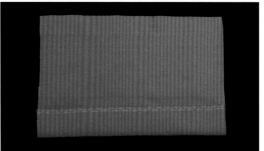

步骤13B

现在完成了一个环针法的包缝下摆。

模块2：

两针绷缝的下摆

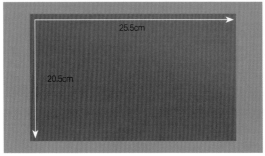

步骤1

这节课需要准备一块横宽25.5cm，纵长20.5cm的单面组织的羊毛织物。这种缝合方式的下摆适用于所有轻薄型和中厚型的针织物。

步骤2

在织物的反面用划粉标记上"X"。从底边量出3.8cm并标出下摆折线。

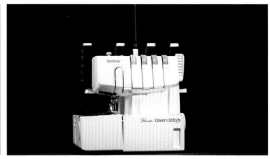

步骤3

这节课将使两针的"Brother 2340CV Pacesetter"型绷缝机演示。

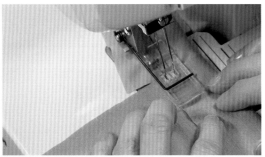

步骤4A

沿折线折起下摆，把织物的反面朝上。以机器压脚的左侧为导向，将下摆边放在压脚下。在缝之前，先在边角料上缝几针，避免断线。

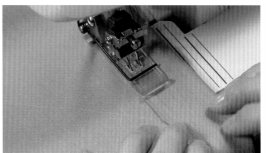

步骤4B

轻轻地引导织物穿过机器。小心缝制，不要拉伸织物。

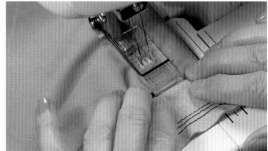

步骤5

在到达终点时，继续在准备的另一块边角料上面缝制，防止断线。

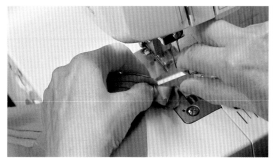

步骤6

然后剪断线头。

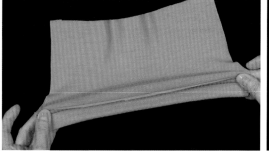

步骤7A

无论如何拉伸下摆，线迹都不会断，这对运动服和泳衣非常重要。

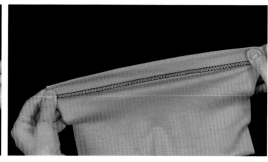

步骤7B

把织物翻到正面看线迹，拉伸织物时，线迹也会被拉伸。

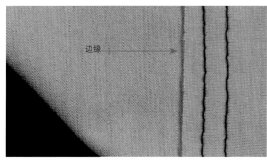

边缘 →

步骤8A

把多余的下摆缝份修剪到3mm以内。

步骤8B

现在完成了两针绷缝的下摆。

模块3：

三针绷缝的下摆

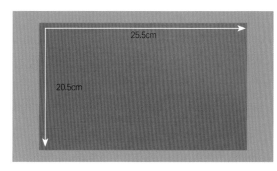

25.5cm

20.5cm

步骤1

这节课需要准备一块横宽25.5cm，纵长20.5cm的单面组织的羊毛针织物。

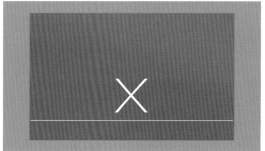

步骤2

在织物的反面画上"X"作标记。然后沿着底边测量3.8cm并画出折线。

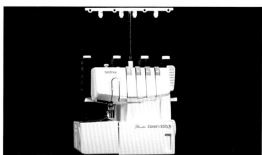

步骤3

这节课将用一个三针的"Brother 2340CV Pacesetter"型绷缝机演示。

步骤4A

沿折线将下摆折起，把织物的反面朝上。以机器压脚的左侧为导向，将下摆边放在压脚下。在缝制前，先在边角料上缝几针。

步骤4B

轻轻引导织物通过机器，在缝制时不要拉织物。注意沿着下摆边有一个6mm的缝份。

步骤4C

当到达终点时，继续在准备好的另一块边角料上缝制，避免断线。

步骤4D

然后，剪断线头。

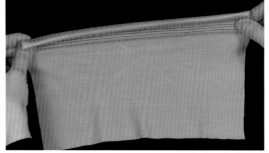

步骤5A

无论如何拉伸织物的下摆，线迹也不会断，就像两针绷缝的线迹。

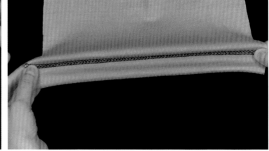

步骤5B

把织物翻过来看绷缝的线迹，注意到三针绷缝比两针绷缝更加密集，但同样能被拉伸。

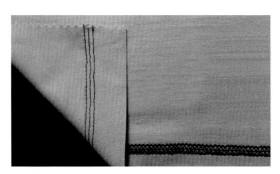

步骤6

把多余的下摆缝份修剪到3mm以内。现在完成了一个三针绷缝下摆的缝制。

模块4：

链式缝的下摆

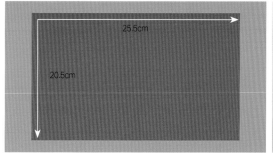

步骤1

这节课需要准备一块横宽25.5cm，纵长20.5cm的罗马组织的羊毛针织物。

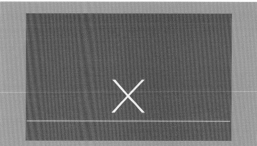

步骤2

在反面画一个"X"作记号。从底边向上测2.5cm并画出折边线。

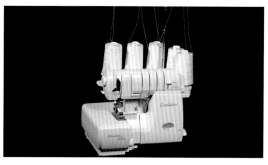

步骤3

这节课将用一台小型包缝机来演示链式缝。

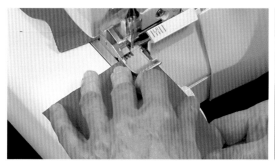

步骤4

先在边角料上缝几针，然后将下摆的折边放在压脚下，正面朝上继续缝制。将下摆的折边与机器压脚的右边缘对齐来引导缝制。

步骤5A

在缝制完成时，将另一块边角料放在压脚下。继续在边角料上缝制，避免断线。

步骤5B

然后，剪断线头。

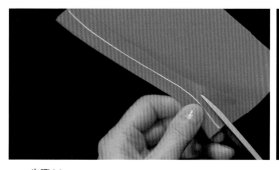

步骤6A

把织物翻到反面，把多余的下摆缝份剪到距链式缝6mm以内。

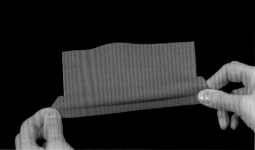

步骤6B

将织物转向正面，测试它的拉伸程度。

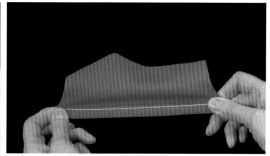

步骤6C

然后再翻过来。注意到拉伸织物时，无论如何拉伸链式线迹也不会断裂。

步骤6D

现在完成了链式缝的下摆。

伊莎贝尔·马兰（Isabel Marant）将圆领针织运动衫与衬衫袖结合在一起，2017年春夏

针织领口的缝制

学习内容

☐ 为针织服装做一个包缝和链式缝的领口；

☐ 用两针绷缝缝制贴带领口，包括先用链式缝缝制贴带，再用绷缝完成线迹。

工具和用品：

- 棉/氨纶织成的单面组织针织物
- 匹配棉线
- 6mm宽的棉线斜纹带
- 包缝机（拷边机）
- 绷缝机
- 缝纫机

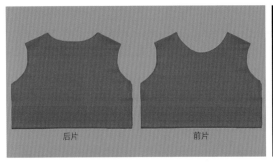

步骤1

这节课需要准备一件前、后片均为棉/氨纶混纺成的单面组织T恤样片。

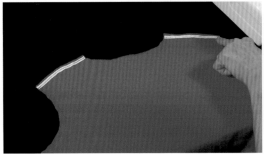

步骤2

在准备缝制领口时，用斜纹带分别将前、后肩缝缝合在一起，如第237页的"肩部贴带缝"模块所示。

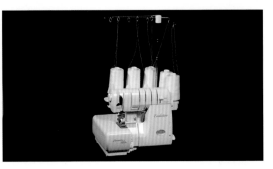

步骤3A

这节课将用一台三线"Brother 3034D Lock"型包缝机来演示包缝。

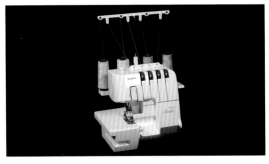

用一台小型包缝机来演示链式缝领口。

步骤3B

以压脚的右边缘作为导向，将领口正面向上，放入压脚下包缝。在缝制领口前，先在边角料上缝几针。

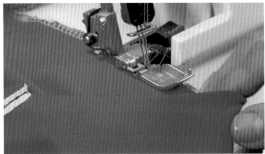

步骤3C

继续沿着领口缝制，像缝制肩缝一样。

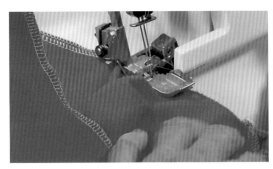

步骤3D

缝制时轻轻引导织物，注意不要拉长领口或者太靠近领口，否则机刀会从领口裁掉太多织物，这会改变领口形状。

步骤4A

缝完再多缝几针。

步骤4B

这就是完成包缝后领口的样子。

步骤5A

用划粉沿领口画1.3cm宽的缝份，然后沿着这条线折叠。

步骤5B

现在换用小型包缝机，设置链式线迹，抬起压脚，将翻折的领口正面朝上，放在压脚下，然后放下压脚。

步骤5C

轻轻地引导领口穿过机器，注意缝制时不要拉伸领口，以压脚的右侧边缘为导向，与织物的折痕对齐。

步骤5D

缝制领口时，缝边在面料的反面，并要确保缝迹能将缝边缝合上。

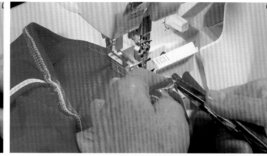

步骤5E

在缝制结束前，剪断开始时缝在边角料上的线。

步骤5F

当到达终点时，再多缝几针。抬起压脚，转动机轮时轻轻拉线，并剪断线头。

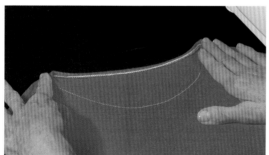

步骤5G

把样片放在桌子上，注意上面的线迹是直式线迹，反面的是链式线迹，也可以选择将其反转，在服装的表面使用链式线迹缝制。

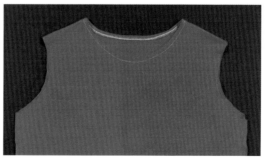

步骤5H

现在完成了针织服装领口的包缝和链式缝。

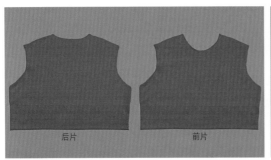

步骤1
这节课需要准备一件前、后片均为棉/氨纶制成的单面组织T恤样片。

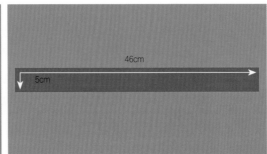

步骤1B
还需要沿织物的长度方向剪一条宽5cm，沿织物的宽度方向剪长46cm的领口贴带。

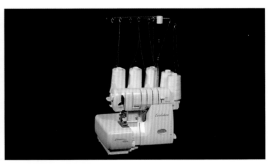

步骤2A
这一节课使用小型包缝机来演示。

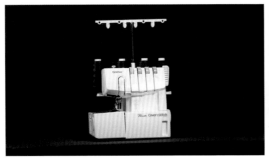

步骤2B
还有一台"Brother oacesetter 2340CV"型绷缝机。

步骤3A
将领口织带在宽度方向上对折，然后沿着长边将其固定在一起，以防止边缘卷曲，为放入领口做准备。

步骤3B
还需要使用斜纹带分别将前、后肩缝缝合在一起，如第237页的"肩部贴带缝"模块所示。

步骤4A
对齐肩线，确保领口弧线的圆顺。

步骤4B
将领口平放在桌子上，并将其放置好，这样就可以找到T恤的前中和后中。用划粉在领口的前中和后中作标记。

步骤5A
现在将领口沿纵向对折，用划粉在前中标记，如图所示。

步骤5B

然后把织物翻过来，在反面的前中位置也作上记号。

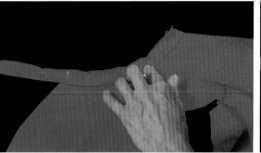

步骤6A

下一步，从前中开始，把领口的贴带沿着领口缝制。

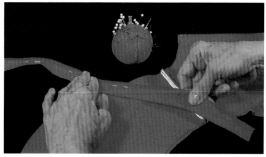

步骤6B

然而，为了使领口平整，在沿着领口缝制的时，需要像演示的那样稍微拉伸。

步骤6C

尽量不要把贴带拉得太长，否则领口会起皱。

步骤6D

到肩缝时，用划粉作标记。

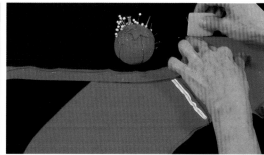

步骤6E

继续沿领口进入后领。到达后中时，再画一个标记。

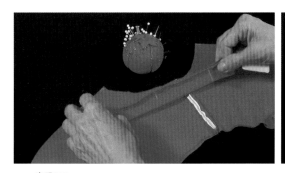

步骤7A

现在将领口的贴带对折，将肩部和后中的标记复制到贴带的另一侧。

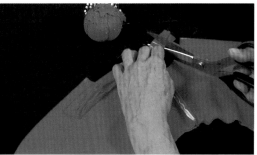

步骤7B

增加6mm的缝份到后中缝，并剪掉多余的织物。

步骤8A

取下大头针，打开领口贴带，将后中缝与右侧对齐。

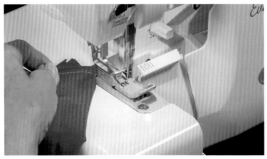

步骤8B

现在用链式线迹将后中缝线连接起来，然后剪断线头。

步骤9A

将领子翻到正面，在前中作标记。

步骤9B

再将领子翻到背面，在后中作标记。

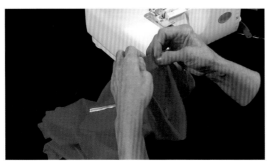

步骤9C

把T恤翻到反面，把后中缝劈开，将贴带的后中缝与领口的后中缝对齐。

抬起压脚，把领口后中处放在压脚下。然后，放下压脚。

步骤9D

现在把领口贴带的前中和T恤的前中对齐。

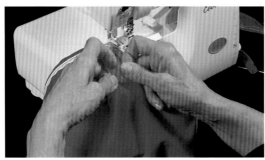

然后把它们固定一起。

步骤9E

注意对比领口贴带前中到后中的长度与T恤领口的长度。两者相差的长度是缝制时需要拉伸的量。

步骤9F

接着，将接缝对齐，用大头针把它们固定在一起。

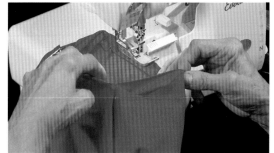

步骤10A

现在把领口贴带缝到领口上，一边缝制一边拉伸贴带，使其与领口长度相等。由于单面组织的织物有卷边的倾向，需要用另一只手按住未缝制的贴带和领口。

步骤10B

移除肩部的大头针，把肩缝倒向后片方向，然后继续缝领口，使领口边和拉伸的领口贴带对齐。

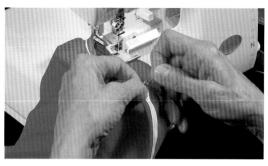

步骤10C

将贴带与另一侧的肩部对齐，用大头针固定，确保缝份朝向后片。

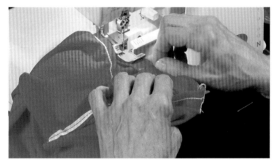

步骤10D

然后继续拉伸，将领口贴带缝在T恤的领口。在缝的过程中，取下肩部和前中的大头针。注意演示者在缝制时，如何用手指保持领口边缘平整服贴。

步骤10E

缝制完成后，再多缝几针。然后，从压脚取出并剪断线头。

步骤10F

这就是没有绷缝前贴带在领口上的样子。

步骤10G

完成绷缝并熨烫后，把T恤翻到正面检查，领口平放不会起皱。

步骤11A

这里换用双针"Brother Pacesetter 2340CV"型绷缝机。在边角料上缝几针，然后抬起压脚，从后中开始缝制，使领缝线位于两根针的中间。

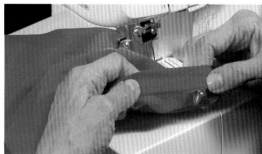

步骤11B

为了避免领部缝边过厚，打开6mm的领缝边，再进行绷缝的缝制。

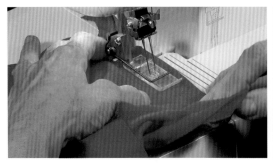

步骤12A

现在，将领口的接缝放在两针之间。在缝制前先烫一下缝份，这样缝起来更加容易。

步骤12B

将压脚中间的开口与领口的接缝对齐，且以压脚的开口为导向。

步骤12C

继续绷缝。

步骤12D

结束时再缝几针。然后，抬起压脚，把织物从压脚下取出来。

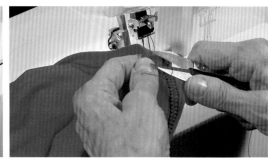

步骤12E

修剪线头。

步骤12F

另一种方法是把绷缝线迹走在服装的正面。然后用熨斗将领口定型。

现在就用两针绷缝机完成贴带领口的缝制。

自我检查

☐ 能分辨出纬编组织和经编组织；

☐ 能分辨出单面组织和双面组织的针织物；

☐ 能分辨出针织物是单向弹性、双向弹性、或者四向弹性；

☐ 能为针织面料选择合适的线迹缝制接缝和下摆。

妮可·米勒（Nicole Miller），一款经典的带罗纹领口的T恤，2016年春

第8章

包边

斜纱包边用于修饰领口和袖窿，特别适用于无袖上衣和连衣裙。首先要缝制带有边线的单层包边，然后采用几乎看不见缝线的藏针来缝制包边。

滚边使薄纱和轻质面料的边缘干净利落。本章讲解如何在领口进行包边缝。藏针缝包边也可应用于其他织物毛边。将通过用几乎隐形的线迹手缝领口和袖窿包边来学习这项工艺。

细肩带通常用于晚礼服和其他精致性感的服装。需要裁剪一个斜纱条将其缝制成管状，然后使用翻带器将其翻到反面。专业的熨烫技术将使肩带更加完美。

袖口和领口带有精致的斜纱包边，Narces，2016春夏

缉明线的单层包边

学习内容

☐ 准备面料和包边条，并对缝份作标记和熨烫；

☐ 运用正确的针法把包边缉缝到位。

工具和用品：

• 素色细平布（轻质印花布）

• 匹配棉线

• 红色铅笔

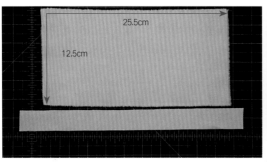

步骤1A

在本课程中需准备两片细平布。一片长12.5cm，宽25.5cm的细平布代表衣片。

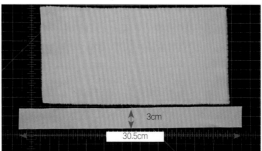

步骤1B

另一片长30.5cm，宽3cm的斜纱布用来做包边。

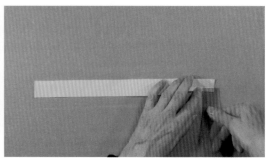

步骤2A

把包边条放在烫台上，使用透明塑料尺沿布料的长度方向，距离边缘测量并标记出6mm的缝份，可以用铅笔标记缝份。

步骤2B

现在用蒸汽熨斗将6mm的缝份扣烫平整。注意不要拉伸布料，因为斜纱方向裁剪的布料容易变形。

步骤3A

在衣片正面，沿宽度方向用铅笔标记6mm的缝迹线的位置。

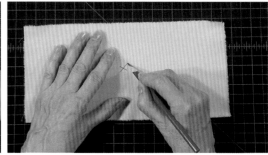

步骤3B

将衣片翻过来，用红铅笔在衣片的中间标记一个"X"，这代表衣片的反面。

如图所示，同样在包边条反面也标记一个"X"。

步骤1

将包边条的正面与衣片的反面相对,毛边沿宽度边缘对齐。

步骤2A

将两者放入缝纫机压脚下,衣片正面朝上置于上层。然后沿着铅笔线缝纫,缝纫机针距设置为2.1~2.5mm。由于包边条容易拉伸变长,故不能放在上层。

步骤2B

缝完后,剪掉多余的包边条和缝线。

步骤3A

将包边向下折叠,其折边线在在缝迹线下2mm,然后用珠针固定好。

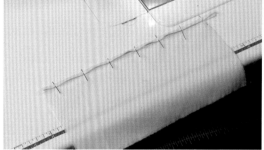

步骤3B

珠针只能别在缝份上,否则将会引起包边鼓包甚至扭曲。

步骤4A

现在开始缉缝边线。缝针落在距包边折边线2mm的位置,从头缝到尾。边缉缝边取下珠针。

步骤4B

缝线在衣片正面距包边折边线2mm处缉缝有利于包边平整。

步骤4C

在末端修剪多余的包边条和缝线。

小技巧:

如果缝纫经验丰富,也可以不用珠针固定。

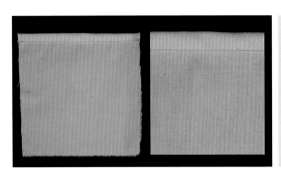

小技巧：

这种工艺也可用于服装下摆的包边。

步骤5

现在缉明线的单层包边就缝制完成了。

Carolina Herrera设计的这款晚礼服领口和袖口应用了斜纹包边，2015年秋

Carolina Herrera设计的这款晚礼服领口和袖口应用了斜纹包边，2015年秋

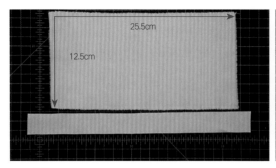

步骤1A

在本课程中，需要准备两片素色细平布。其中用长12.5cm，宽25.5cm的布料代表衣片。

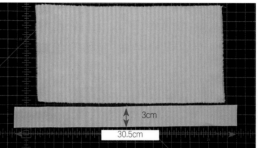

步骤1B

第二片用作包边条，长30.5cm，宽3cm。

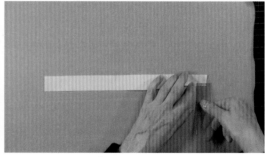

步骤2A

把包边条放在烫台上。使用透明塑料尺沿布片的长度边缘测量并扣出6mm的缝份，也可以用铅笔标记缝份。

步骤2B

用蒸汽熨斗将缝份熨烫平整。和前面一样，注意不要拉伸布料，因为是斜裁的，很容易变形。

步骤3A

在衣片反面用铅笔沿宽度方向标记一条6mm的缝迹线。

步骤3B

在衣片反面用红铅笔中间标记一个"X"。如图所示，在包边条的反面也标记一个"X"。

步骤1

包边条与衣片正面相对，沿宽度边缘将毛边对齐。

步骤2A

将其放在缝纫机压脚下面，衣片位于上层且反面朝上。沿着铅笔画的缝迹线缉缝。缝纫机针距应设置为2.1~2.5mm。因为斜纱方向裁剪的包边条容易变形，故切勿将其放在上层。

步骤2B

剪掉末端多余的包边条和缝线。

步骤3A

将缝份推向包边的方向，用手扣压平整。切勿使用熨斗，否则会使包边条拉伸变长。

步骤3B

下一步是折叠包边条上的缝份，然后进行缝合。这条缝线将非常贴近现有的接缝（就在它下面）。缝线将隐藏在之前的接缝中，从正面几乎看不见。

步骤4

首先在一端用珠针将包边条固定，折边在缝合线下方3mm处。剪掉多余的包边条后取下珠针。

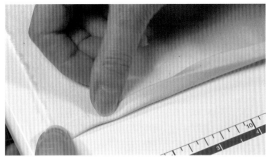

步骤5A

继续在缝份上折叠包边条，使包边条的折边在缝线以下约3mm的位置。

步骤5B

将衣片翻到正面，用珠针将包边条紧挨着衣片的接缝下面固定，珠针与缝线平行。

步骤5C

因为素色细平布是半透明的，所以正面可以看到包边条折边，这有利于珠针固定。

步骤6

固定完成后翻到反面，从头到尾检查珠针是否都精准地别在接缝的下方。

步骤7A

为使针脚更容易落在接缝里，需要使用底部带导轨的暗缝压脚来缉缝。

步骤7B

将缝纫机上的通用压脚更换为带有导轨的暗缝压脚。

步骤7C

将衣片的正面放在带有导轨的暗缝压脚下并调整好位置，使压脚导轨紧贴着包边折边。

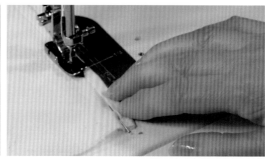

步骤7D

移动衣片开始缉缝，边缝纫边取下珠针。

步骤7E

到达末端时剪掉缝线。

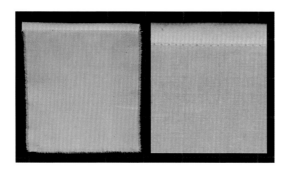

步骤7F

藏针缝制的单折包边就缝制完成了（右侧为特写图像）。

领口和袖口镶有宽的法式滚边的连衣裙，Maison Marquise，2015年

法式滚边

学习内容

☐ 准备包边条和服装，包括标记及裁剪包边条，对肩缝，领口锁边；

☐ 机缝法式滚边；

☐ 手缝法式滚边，包括藏针缝和熨烫滚边。

工具和用品：

- 丝质欧根纱
- 细珠针
- 匹适棉线
- 顶针
- 10号针

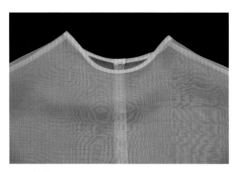

步骤1
为缝制出像这个领口那样的滚边，需要裁剪滚边条。

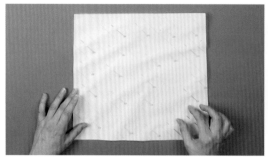

步骤2A
首先，在一张与面料大小相同的纸上画出一系列宽度为3.8cm的斜线。

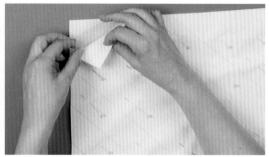

步骤2B
为方便裁剪，把面料夹在两张纸（包括预先画线的纸）之间，然后钉在一起。

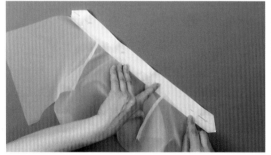

步骤3
滚边中若没有接缝则更具美观性且操作也更简单，因此尽量裁剪一根长度足够的滚边条。

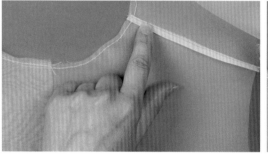

步骤4
在进入下一步骤之前，先准备好上衣的肩缝。因为欧根纱是一种透明织物，所以在这里使用法式接缝。

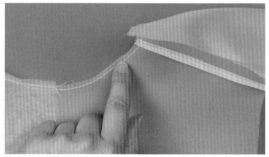

步骤5
在领口边缘缉缝一道线，注意不要拉长领口。这里使用的针距非常小，约为2.1mm。

模块2：
准备滚边

小技巧：
欧根纱的拉伸性很好，如果你是缝纫新手，则先用珠针固定住滚边条，然后缝纫，这样会更容易一些。

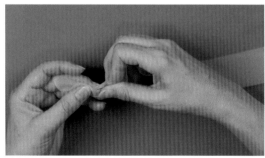

步骤1
将纸移走，然后沿长度方向对折滚边条，边缘对齐并用珠针固定。细珠针最适用于这种纤弱的面料。

步骤2A
为方便后续机缝，在距边缘6mm处进行疏缝。为方便演示使用红线。

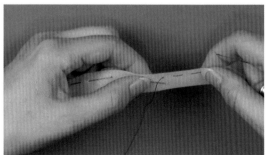

步骤2B
针距约6mm。

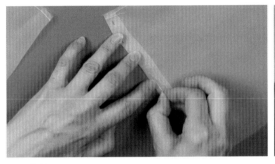

步骤3

下一步，用珠针将上衣后中心线的缝份向下固定。此处示例缝份宽1.3cm。

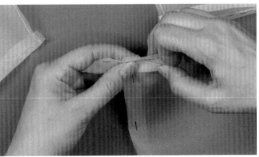

步骤4A

把衣服翻过来使其正面朝向你，用珠针将滚边条和领口的边缘别在一起。在末端留出约2cm的多余滚边条，稍后手工缝合时再折进去。

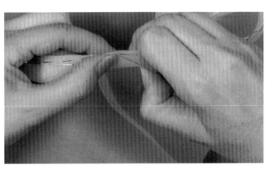

步骤4B

固定过程中需要稍微拽着滚边条，否则领口会显得松垮。

步骤4C

滚边过程中稍微拉紧滚边条，但注意不要拉扯领口本身。

步骤4D

现已完成固定，稍后修剪边缘。

模块3：

机缝绱滚边

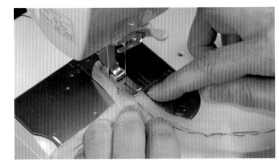

步骤1

距边缘6mm将滚边条缝在领口上。在缝纫机上将滚边边缘与6mm导轨对齐，起止位置打回车，边缝合边取下珠针。

步骤2

由于肩缝是法式缝，因此缝到肩缝时将缝份往后压。

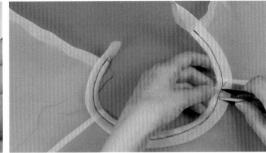

步骤3

滚边条缝上后，拆掉疏缝线。

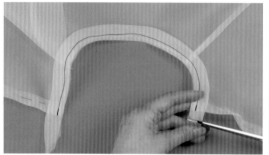

步骤4

滚边条在起始位保留1.3cm的长度，剪掉多余的长度。

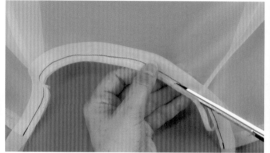

步骤5

将缝份宽度剪掉一半。一定要修剪均匀，因为透明织物的边缘会露出来（这种整理只适用于轻薄织物，不适用于厚织物）。

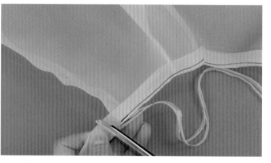

步骤6

修剪另一端，仍然保留1.3cm的滚边长度。

模块4：
手缝法式滚边

步骤1

在衣片反面滚边的末端，把衣片缝份向上折到滚边上并用手捏住，再把留出的1.3cm的滚边条叠到衣片上面。

步骤2A

在折叠时，末端很容易出现毛边。

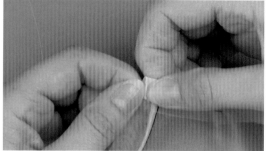

步骤2B

建议用一只手捏住末端折边，同时用另一个拇指将毛边往下折。刚开始完成这项任务时有点困难，但通过练习就能够快速而轻松地完成。

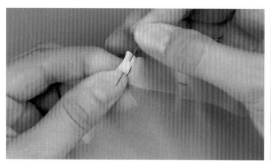

步骤3

当边角折叠并固定好之后，可以发现底部不再参差不齐。

步骤4A

继续把缝份向上折，滚边条压住缝份，并用珠针固定好。可以看到固定好的滚边覆盖在缝迹线上（为了演示效果使用黑线）。

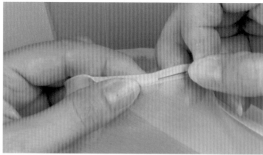

步骤4B

因为布料弹性较好，尽量缝密一点，将其牢牢地固定住。

步骤4C

到达另一端时，用与首端相同的方式折叠固定。

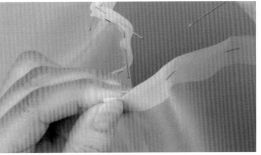

步骤5A

接下来用藏针法缝滚边。将线穿过10号手缝针并在末尾打个线结。用手指捏紧滚边然后取下第一根珠针。

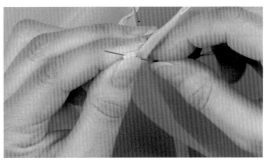

步骤5B

第一针扎进滚边条的折层里，以便隐藏线结。

步骤5C

把线结藏起来，然后缝滚边的另一侧。

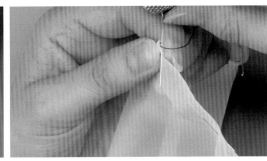

步骤5D

将滚边的两端缝在一起。

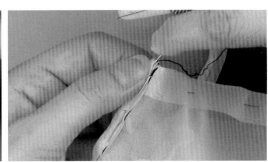

步骤6A

捏住一小块布料开始向下缉缝滚边，这样可以看到内层的机缝线迹，有助于手缝时隐藏针迹。

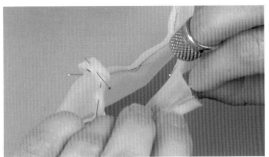

步骤6B

始终确保针头没有穿到另一边。

步骤6C

捏住少量滚边，将针从反面扎进滚边的折层。

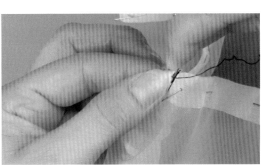

步骤6D

捏住一小片布料，把针穿过滚边的折层，然后抽出来，使针迹尽可能藏在滚边里面。

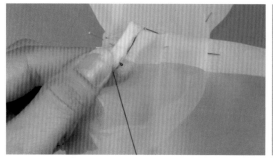

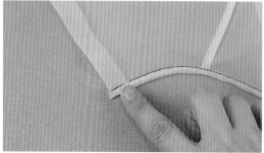

步骤6E

缝合时，针迹要埋在在我们预先折好的缝份下，不要一直穿过布料（这会在外面留下可见的缝线）。缝纫时取下珠针。

步骤7

以首端相同的方式缝边。

步骤8A

现在将领口拉紧绷直，用珠针将滚边两端固定在烫台上。

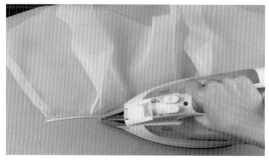

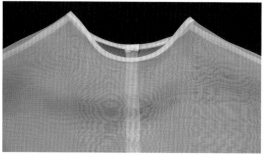

小技巧：

这项工艺也可以应用于袖口、边下摆、口袋和其他需要包住毛边边缘的部位。

步骤8B

用蒸汽熨斗对滚边进行喷烫以形成一个立体的卷边，而不是一个平面。来回喷烫几次，然后待其在烫台晾干后再取下。

步骤8C

现在法式滚边就缝制完成了。

领口和袖窿镶着嵌着对比明显的包边，Teresita Orillac，2016春夏

暗针缝制
单折领口/袖窿包边

学习内容

- ☐ 准备服装和包边条；
- ☐ 对领口进行包边，包括稳定领口斜裁区域、标记对位和机缝包边；
- ☐ 对袖窿进行包边，包括稳定袖窿斜裁区域、裁剪缝份、缉侧缝、标记对位和机缝包边；
- ☐ 暗针缝制包边是在衣片反面完成。

工具和用品：

- 素色细平布（或轻质印花布）
- 薄纱上衣
- 匹配棉线
- 8号针
- 红铅笔
- 曲线尺
- 细珠针

步骤1A
本课程中，我们准备了一件无袖无领平布上衣。请注意，目前侧缝只是用珠针固定在一起。

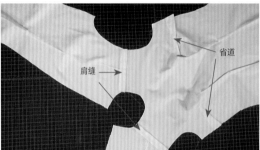

步骤1B
机缝省道和左右肩缝。

步骤2A
把衬衫反面朝上放在桌子上。由于包边会盖在毛边上形成最终边缘，因此我们用红铅笔标记一圈1.3cm的缝合线，方便稍后将其剪掉。

步骤2B
利用点画线标记一圈缝合线。

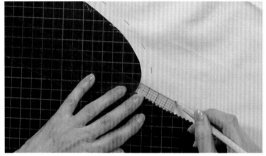

步骤3A
用普通铅笔在上衣的一侧接缝上画一条宽1.3cm的缝线，约5cm长。这只是用来标记及辅助测量包边条的长度。

步骤3B
在另一侧接缝处进行相同操作。

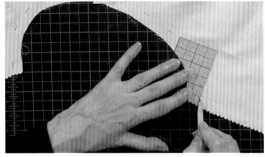

步骤4A
下一步是距红色缝合线6mm用铅笔标记新的袖窿缝线。

步骤4B
继续绕着袖窿画点画线。

步骤5A
接下来在领口重复这些步骤。用红铅笔沿着领口标记1.3cm宽的缝合线，以便后续裁剪。切记始终使用尖锐的铅笔头进行画线。

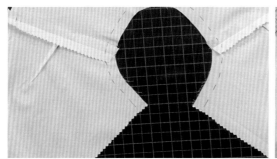

步骤5B

沿着领口一圈进行标记。

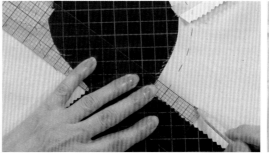

步骤6

接下来，沿上衣后中心线两侧标记1.3cm宽的缝线，长度为5cm。

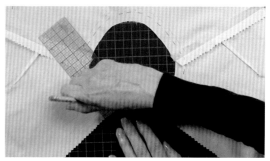

步骤7

如之前的袖窿那样，在距红色点画线6mm处用普通铅笔标记新的领口缝线。

步骤8

如图所示，利用软尺沿新的铅笔缝线测量领围长度。

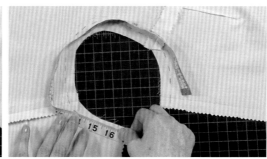

测量第一根红色铅笔画的缝合线长度，记录领围长度。

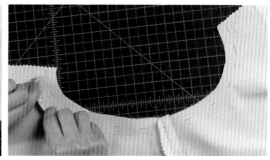

步骤9

沿着新画的缝线移动软尺测量袖窿长度，确保测量的起始点都在侧缝铅笔线上，也可用标尺或曲线尺测量，然后记录袖窿的尺寸。

小技巧：

一定要对包边条进行拉伸测试，因为每一种织物的拉伸系数都不同。

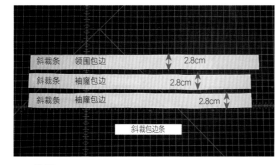

步骤10

斜纱方向裁剪下3条包边条，宽度均为2.8cm。一条与领围长度相同，另两条与袖窿长度相同。鉴于包边条容易拉伸的特性，可以不增加另外的缝份。在本课中，需要将包边条拉长1.3cm以适合包边区域。

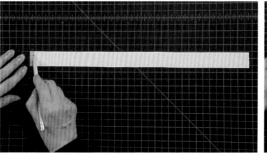

步骤11

利用铅笔和直尺在领口包边条两端标记出6mm的缝份。

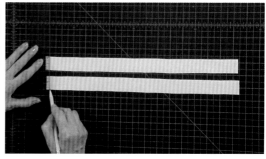

步骤12A

将两条袖窿包边条并排放置在桌子上，用铅笔和尺子在它们的一端标记6mm的缝份。

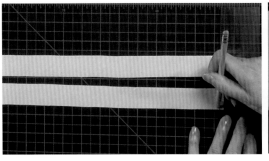

步骤12B

然后是另一边。

步骤13A

如图所示,将这些包边条放在烫台上,沿其长度边缘测量并折叠6mm。

步骤13B

用蒸汽熨斗熨烫折边。斜裁面料容易变形,因此要小心熨烫避免拉长。

模块2:

缝制领口包边

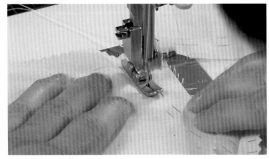

步骤1

现在需要移步至缝纫机,沿着领口上铅笔画的缝合线上方2mm处缉一道线,以防领口拉伸。缝纫机针距设置为2.1~2.5mm;缝纫时切记将肩缝的缝份前后拨开。

步骤2

如图所示,沿红色铅笔标记修剪领口。

步骤3A

如图所示,将左右肩缝对齐捏在一起。

找到领口前中心点的位置。

步骤3B

然后在前中心点上别上珠针,用铅笔标记好位置后再取下。

步骤4

将领口包边条左右、上下对折找到它的中心点并用铅笔进行标记。

步骤5A

将领口包边条与衣片领口前中心的标记对位，并将其别在一起。

步骤5B

下一步是在上衣后中心折1.3cm的缝份，使其与领口包边条的后中心铅笔线匹配，然后把它们固定在一起。

步骤5C

请记住包边条长度略短于实际领围，因此需要将其拉长一点以便与上衣领口相匹配。包边条在领口上缝制完成后就会变平整。

步骤5D

如图所示，用珠针将包边条别在领口上，并使珠针与缝合线成直角。

步骤5E

现在，在领口的中后部重复这个过程，适当拉伸包边条以匹配领围。领口弧度最大的部位包边条拉伸最长。

现在准备移步至缝纫机前。

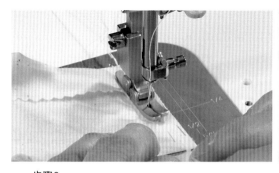

步骤6

包边条置于衣片下面，沿铅笔线缝制（如果包边条在上层就很容易拉伸）。注意包边条后中部缝份均匀拉伸到衬衫的后中部。边缝制边取下珠针，并将肩缝缝份分开，保持平整。

步骤7

用剪刀每隔1.3cm在领口缝份打剪口以松弛边缘，以便在翻转和缝纫时能保持平整。小心不要剪到缝线处。

步骤8

在包边条缝合到领口后，将领口缝份朝包边条折边方向折转。

步骤9A

下一步是先在包边条一端的领口缝份向下折叠，然后再将包边条沿领口折叠包裹住缝份。

步骤9B

利用珠针的尖端将包边固定就位，将其别到领口线上。不像在其他接缝上那样裁剪缝份，因为这6mm缝份会产生一种"填充感"，使包边更立体。

步骤9C

由于要固定几层，而且包边条的折边必须与领口的缝合线对齐，所以使用细珠针会使这项工作更容易。

步骤9D

翻到正面检查包边是否扭曲变形。

步骤9E

珠针仅别在缝份上，不要别在衣身，这样可以避免在包边上形成"凸起"。

步骤9F

每隔一段时间将领口转到前面，检查包边宽度是否一致。

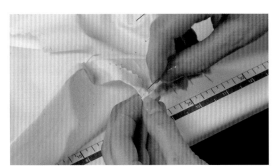

步骤9G

当到达终点时，像以前一样，把衣片后中心线的缝份折到下面，把包边固定在领口线上（如果这是一件真正的衣服，拉链应该已经装在后中缝了，所以需要修剪掉多余的缝份消除鼓包）。

步骤1A

与领口一样，沿着新的铅笔线在袖窿缉一道线，以防止袖窿伸展。由于袖窿的某些区域是斜纱方向，所以在袖窿周围缝一圈固定线迹是很关键的。

步骤1B

缝制固定线迹时，切记拨开肩缝缝份，并确保缝纫机针距为2.1～2.5mm，避免针距过长产生褶皱。

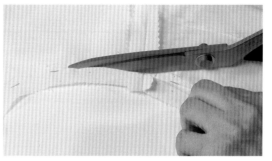

步骤2

沿着红色缝线剪掉缝份。

步骤3A

下一步是将衬衫的侧缝别在一起，然后用缝纫机缝上。边缉缝边取下珠针。

步骤3B

沿着侧缝拨开接缝余量，由于这件上衣较修身，因此可以在腰部缝份处打剪口使衣料平展。

步骤4A

如图所示，缝合袖窿包边条的侧缝并拨开缝份。

步骤4B

将包边条的侧缝与上衣的侧缝对齐别在一起，珠针与袖窿边缘成直角。

步骤4C

将包边条上的中心与上衣的肩缝对齐，然后用珠针固定。请记住，当我们绷包边条时衣片会置于上层，因此珠针要别在衣片这边。

步骤4D

注意袖窿和包边条之间的长度差异，适当拉长包边条以匹配袖窿长度。

步骤4E

先在一侧袖窿进行操作。通过侧缝和肩缝找到袖窿中点将袖窿长度分为四等分，并将该点与包边条的中间点别在一起。然后在每一小段中将包边条适量拉伸，确保包边条均匀拉伸。

步骤4F

固定完袖窿上半部分后，在下半部分重复相同的步骤，在完成一半长度之前，袖窿和包边条的中间点一定要固定在一起。

步骤4G

将包边条均匀固定到袖窿后，就可以开始缉缝了。

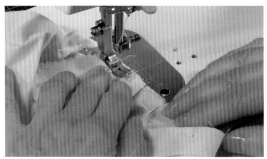

步骤5A

袖窿内侧朝上，上衣的腋下接缝放在机器压脚下方。

步骤5B

从侧缝开始沿铅笔线缉缝一圈。缝制时取下珠钉，并分开肩缝缝份，使其保持平整。缝到侧缝时打回车，然后剪掉末端线条。

步骤6A

与领口上一样，用剪刀每隔1.3cm在缝份上打剪口。注意不用像其他类型的缝型修剪缝份，因为6mm的缝份会使包边更加圆润美观。

步骤6B

用手指将缝份折向包边的毛边方向。

步骤7

采取将领口包边别在领口线上的方法，把袖窿包边别在衣片上。

步骤1

将比领围长约10cm的双股线穿过针孔，在末端打个线结，准备缝制领口包边。

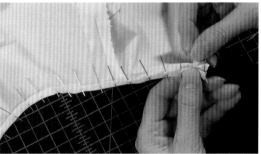

步骤2A

惯用右手者，将领口朝自己放置，以便可以从右到左缝制。为隐藏线结，针头从上衣与后中心线缝份处进入，然后在末端包边的顶部穿出。

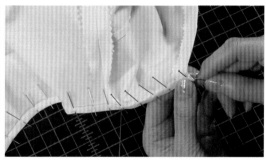

步骤2B

为缝合领口末端后中心线上的包边，在领口末端的折边处上下交替缝几道线，针距约2mm。

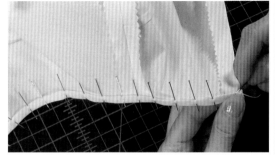

步骤2C

取下第一个珠针钉，从领口缝线的缝份落针，隔2mm将针头斜着插入包边的折边里，然后把线拉到头。

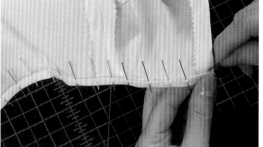

步骤2D

在领口缝线上挨着前一个针脚斜着埋入下一针，每隔2mm重复此过程。注意针线要埋进包边的折边里，缝完一针线要扯到头。缝制时取下珠针。

步骤2E

使用藏针（也称贴布缝）可隐匿缝线。把针迹缝进折边和缝份，就能够隐藏领口机缝的针迹和包边折边的缝线。

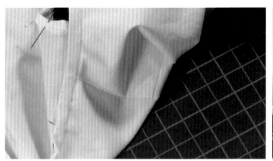

步骤2F

注意不时的把上衣翻到正面检查针迹是否隐匿。领口缝线只需埋在缝份里，而不是显露在衣服的外面。

步骤2G

到达末端时，在包边折边上下交替缝几道2mm宽的藏针。

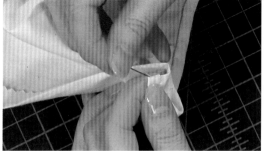

步骤2H

最后，将针插入包边折层以隐藏末端的线。

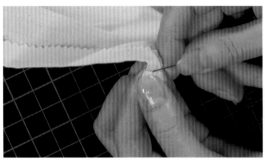

步骤2I

然后沿着领口缝线倒缝加固缝合线并打线结，最后剪掉末端的线。

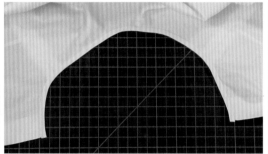

步骤2J

藏针缝包边到上衣后，领口线在上衣正面的样子。

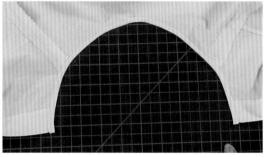

步骤2K

领口包边在上衣反面的样子。

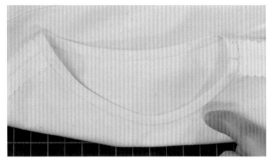

步骤3A

若要对上衣袖窿进行包边，只需重复领口包边的步骤。

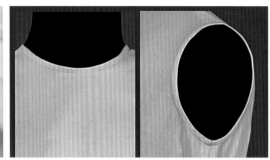

步骤3B

现在，已经用藏针缝制完成了领口和袖窿的包边。

自我检查

☐ 本章中教学的所有包边我能做出成品吗？

☐ 我可以根据不同的面料选择合适的包边类型吗？

2015年菲律宾时装周上，单肩肩带为这件不对称礼服增添了艺术性

细肩带

学习内容

☐ 确定肩带的长度，剪裁斜纱条，然后缝制细肩带；

☐ 利用翻带器完成细肩带的缝制。

工具和用品：

• 素色细平布（或轻质印花布）

• 匹配棉线

• 翻带器

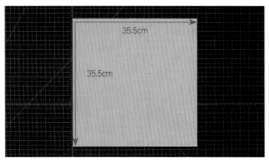 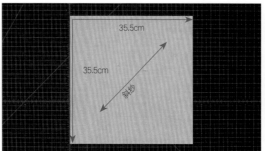 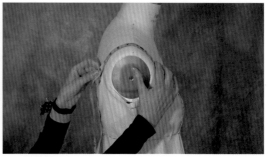

步骤1

在本课程中，需要准备一块边长35.5cm且熨烫过的方形斜纱细平布。

用铅笔画一条对角线以指示纱向。

步骤2

用卷尺测量从前领接缝过肩点到后领接缝的长度，确定每根肩带的长度。

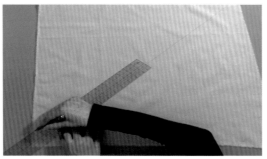  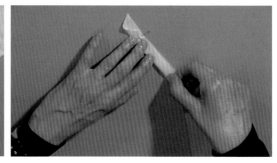

步骤3

将布片放在桌子上，利用尺子画对角线的平行线，间隔约3cm。这将是用于制作肩带的斜纱条（出于演示目的使用了较宽的布条）。

步骤4

剪下斜纱条，注意不要把斜纱条拉长了。

步骤5A

将斜纱条沿长度方向正面对折，用珠针将折叠边缘从头到尾固定住。将其平放在桌子上处理可以防止斜纱条拉伸。

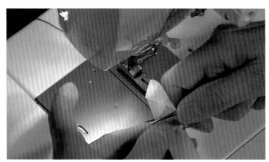 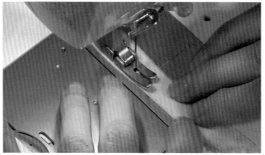 

步骤5B

用剪刀剪下斜纱条的尖端，使两端都是直角。

步骤6A

在离斜纱条折叠边缘5mm处车一条线。缝纫过程中取下珠针，并注意不要拉长它。

步骤6B

剪掉末端的斜纱条和线条。

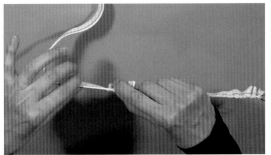

步骤1

把翻带器从带子的开口穿进去,将带子全部捋到翻带器上。

步骤2

用翻带器的钩口勾住带子的末端,并合上钩口。

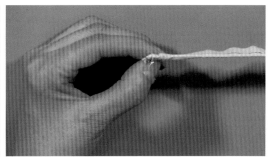

步骤3

现在将带子翻到正面。一只手将带子往翻带器上推,同时另一只手往下拉翻带器。

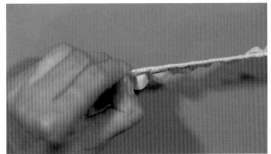

步骤4

翻的过程中可以用指甲推,如果指甲不够长,用珠针引导布料也很有用,但小心不要刺破面料。

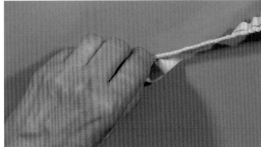

步骤5

在翻带器上翻转带子是一个缓慢的过程,特别是平纹细布。丝绸或丝绸混纺织物更容易翻转。

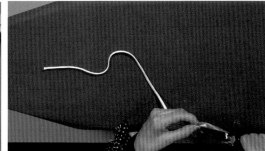

步骤6

翻转完成后将得到一条细细的肩带。从翻带器上取下细肩带,用剪刀修剪末端。

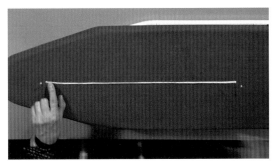

步骤7

稍微用力将细肩带拉紧绷直,用珠针将肩带两端固定到烫台上。

步骤8

用蒸汽熨斗喷烫肩带。冷却后将其剪裁以匹配服装。

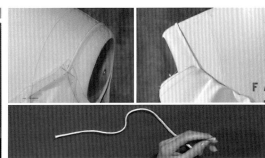

步骤9

完成的细肩带现在可以缝到衣服上了。

第9章

口袋

　　首先开始缝制经典的单牙挖袋，该口袋通常用于定制服装。接下来将讲解如何定袋位、绱袋牙及整理袋口。最后缉明线完成口袋的缝制。

　　双牙挖袋通常用于男士裤子（女士裤子）、裙子、夹克和外套中。这项工艺包括绱袋垫和其他材料。本章还将学习如何缝袋牙、倒缝加固袋口线及整理口袋。最后再次缉明线完成口袋的缝制。

单牙挖袋

学习内容

☐ 测量和标记口袋开口，绱袋垫；

☐ 缝袋牙，绱袋布，缉边线。

带有单牙挖袋及罗纹针织元素的Junko Shimada宽松派克大衣，2014/15秋冬

工具和用品：

- 素色细平布（或轻质印花布）
- 袋布
- 黏合衬
- 匹配棉线

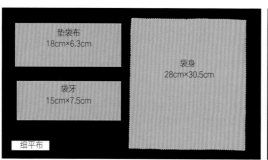

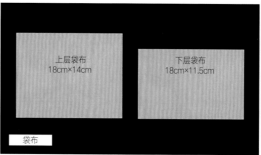

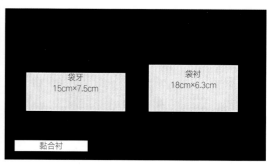

步骤1

在本课程中，需要准备三块细平布，尺寸为袋身28cm×30.5cm，袋牙15cm×7.5cm，垫袋布18cm×6.3cm。

步骤2

需裁剪的口袋里料为18cm×14cm的上层袋布，18cm×11.5cm的下层袋布。

步骤3

两块袋衬，尺寸分别为18cm×6.3cm、15cm×7.5cm。

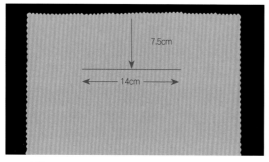

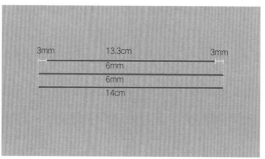

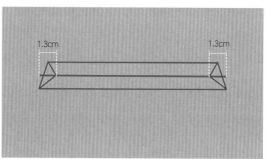

步骤4

在袋身正面往下7.5cm的中心处画一条宽14cm的袋口线。

步骤5

在袋口线上下6mm的处各画一条平行线，表示缝份。顶线两端内移3mm，长度为13.3cm，底线长度为14cm。

步骤6

袋口线往里1.3cm，在两端各画一个三角形。

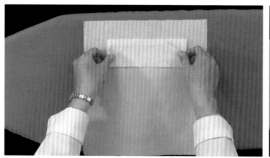

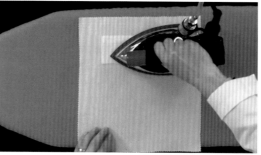

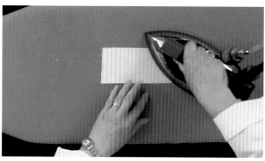

步骤7A

将袋身翻转到反面，然后将黏合衬放在袋口上，有黏性的一面朝下。

步骤7B

熨烫平整。

步骤8

将袋牙反面粘上黏合衬，熨烫平整。

步骤1
下一步是缝袋牙。将袋牙沿纵向正面对折，然后在两端距边缘6mm处缉一道线。

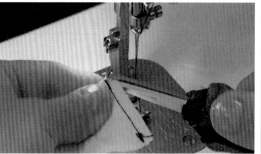

步骤2A
修剪下边缘的角。

步骤2B
然后翻到正面，确保尖角被翻出来。可以用剪刀推，但要注意不要刺穿布料。

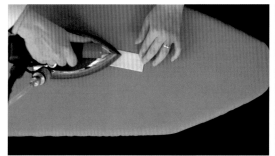

步骤3
将袋牙熨烫平整。

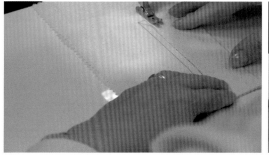

步骤4
将袋牙的毛边与袋口中心线对齐，然后距毛边6mm缉一道线固定，切记首尾倒缝。在缉缝固定之前沿着袋牙的毛边缉一道线有利于保持稳定性。

步骤5
垫袋布正面朝下放在中间，垫袋布的毛边与袋口中心线对齐，用铅笔标记起点。

然后标记终点。

距垫袋布毛边6mm处缉一条线。

确保缝线不要超出终点。

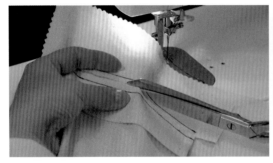

步骤6A

从中间开始沿着袋口中心线剪开，剪到三角形顶点。

步骤6B

剪开三角形。

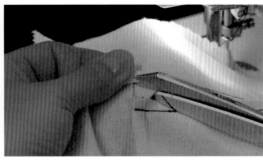

在另一端重复此步骤。

步骤7

把袋牙翻下来并用手压平。

将垫袋布翻到袋身内侧。

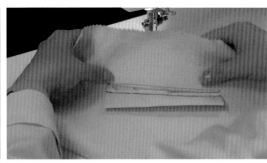

用手压平垫袋布。

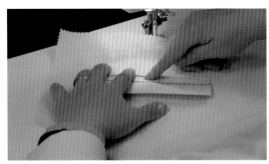

垫袋布需要向下压。

步骤8A

掀开袋牙与袋身露出垫袋布反面，小心地将三角形放置在袋垫的顶部。

使袋牙远离缝合线，将三角形与垫袋布缝份车在一起。

步骤8B

为确保口袋正面美观，一定要把两端的三角形拉出来。

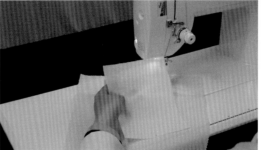

步骤9

将上层袋布缝在袋口下画线上。

距袋布边缘6mm缉缝。

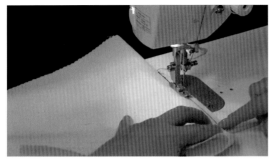

将各层布料放入压脚下缝合。

步骤10

接下来将下层袋布与垫袋布叠在一起。

距边缘1.3cm处缉缝。

小技巧：

缝制口袋时，请记住：

• 缉缝时切勿超过标记点。

• 剪三角形时要细心。

口袋的反面现在应该看起来像这样。

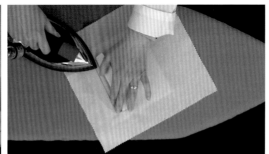

步骤11

在正面熨烫袋牙下面的袋口。

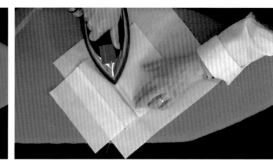

步骤12A

将口袋翻到反面，熨烫上层袋布的缝份。

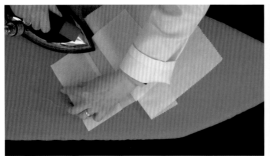

步骤12B

拉出下层袋布熨烫。

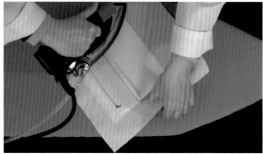

步骤13

最后熨烫口袋的整个反面。

熨烫正面。

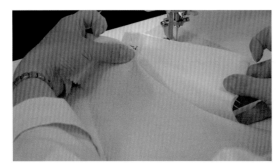

步骤14

把上下袋布缝合。

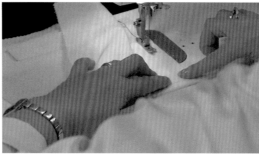

距边缘1.3cm绲缝。

步骤15

最后给袋牙缝边线。

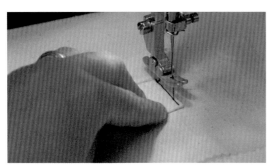

切记首尾倒缝。

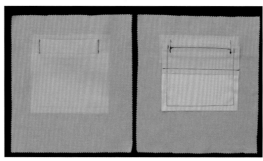

步骤16

单牙挖袋就缝制完成了。

Tong KA LAm设计的一款带有双牙挖袋的时尚夹克，2015秋冬

双牙挖袋

学习内容

☐ 测量并标记袋口，黏衬，标记袋牙缝份；

☐ 缝制袋牙剪袋口，翻袋牙，绱袋布，缉边线。

工具和用品：

- 素色细平布（或轻质印花布）　　• 袋布

- 黏合衬　　　　　　　　　　　　• 匹配棉线

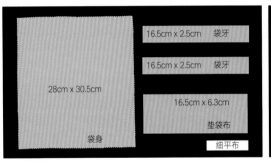

步骤1

在本课程中，需要准备四块细平布袋身，28cm×30.5cm;
两片袋牙，16.5cm×2.5cm；一块袋垫，16.5cm×6.3cm。

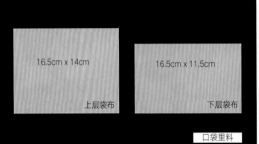

步骤2

需准备的口袋里料为：上层袋布，16.5cm×14cm；
下层袋布，16.5cm×11.5cm。

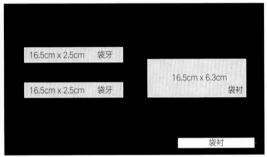

袋衬需准备：两片16.5cm×2.5cm的袋牙，以及一片
16.5cm×6.3cm的垫袋布。

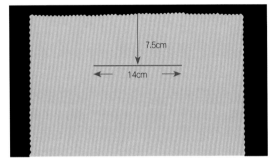

步骤3

在袋身正面往下7.5cm的中心处画一条宽14cm的袋
口线。

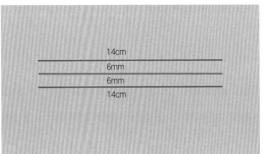

步骤4

沿袋口线上下6mm处各画一条平行线，表示缝份。

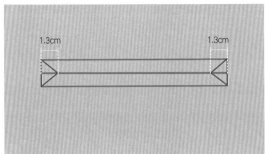

步骤5

在距袋口线1.3cm的一端绘制一个三角形。

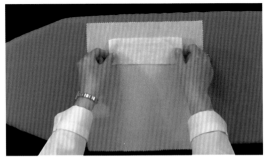

步骤6A

将袋身翻到反面，对开袋位置进行黏衬。

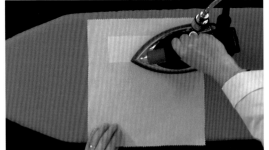

熨烫成型。

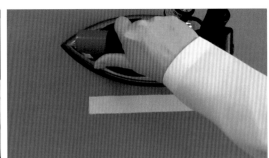

步骤6B

对两块袋牙布反面进行黏衬并熨烫。

步骤6C
将袋牙布纵向折叠熨烫平整。

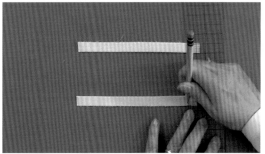

步骤7A
在袋牙布两侧标出1.3cm的缝份。出于演示目的，这里使用铅笔。如果是时装面料，则应使用粉笔。

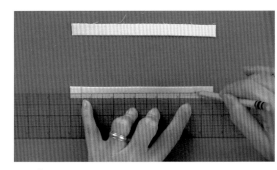

步骤7B
然后在每块袋牙布折边向上6mm处标记缝份。

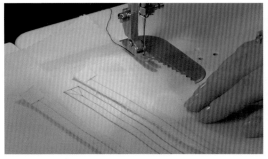

步骤1

缝制双牙挖袋的第一步是将每个袋牙的缝合线与衣片的缝合线对齐，使袋牙的毛边紧贴袋口线。

步骤2A

将袋牙的边角与袋口线的边角精准对齐。首尾倒缝，但注意不要超出标记点。

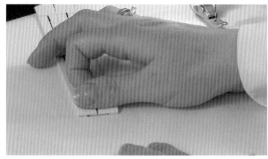

步骤2B

另一片袋牙操作相同。完成后，翻开缝份过检查顶部和底部的缝合线是否均匀。

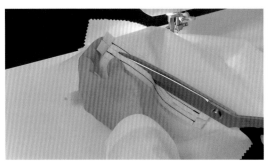

步骤3

沿袋位中心线剪开袋口，到三角形顶点时停下。

仔细剪开两端的三角形，以确保口袋角落平整。

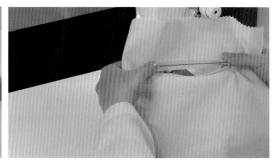

步骤4

将袋牙缝份压入袋身反面。

将三角形与袋牙的缝份叠在一起。

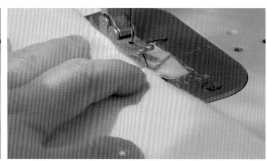

将两者缝合固定。

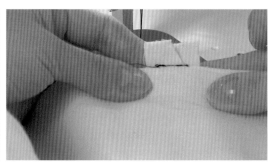

在另一侧重复此步骤。

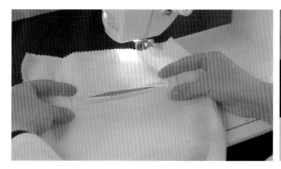

成品的正面效果。

步骤5A

将垫袋布与下层袋布以1.3cm的缝份缉缝。

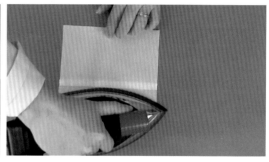

步骤5B

然后将缝份朝着口袋方向向下熨烫。

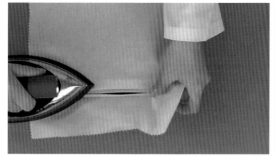

步骤6

将袋口正面熨烫平整。在这里使用的是细平布所以没有使用压衬，但如果是时装面料则需要使用压衬。

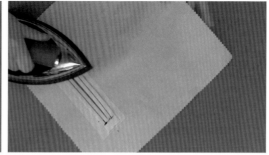

熨烫挖袋反面。

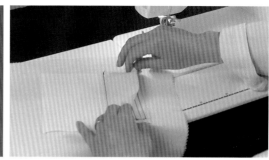

步骤7A

接下来，将下层袋布与垫袋布缝到上牙缝线上。

将垫袋布与上片袋牙的缝份对齐。

然后使用6mm的接缝余量进行缝制。

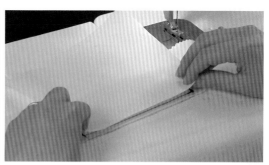

接下来，将上层袋布的缝份与袋口下线对齐。

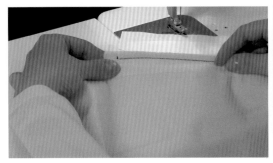

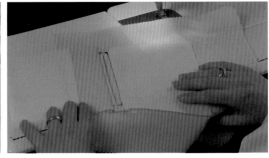

步骤7B

将上层袋布和下层袋牙留6mm缝份缝合。

现在口袋看起来是这样。

步骤8A

首先将上层袋布朝上，下层袋布朝下摆好，然后给袋牙缉一圈线。

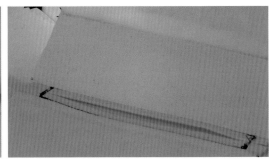

步骤8B

从下层袋牙的中间开始，在口袋正面缉缝明线。

缝到口袋开口的另一侧停止。

步骤8C

将口袋翻转过来。

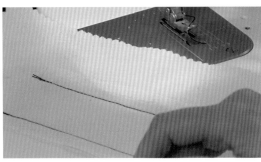
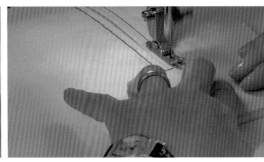
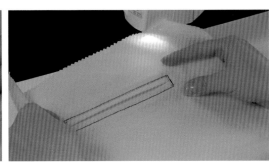

将上层袋布翻下来。

继续沿上层袋牙缉缝一道边线。

缝到起点为止。

步骤9A

距袋布边缘1.3cm从顶部开始缝合上下袋布，闭合口袋。

继续沿底部缝合。

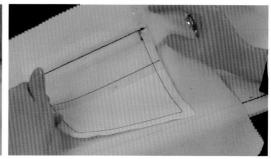

然后缝完另一侧闭合口袋。

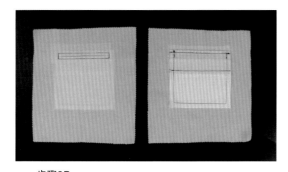

步骤9B

双牙挖袋就缝制完成了。

小技巧：

双牙挖袋也被称为双嵌线袋或双唇袋。

自我检查

☐ 我能给这一章教学的每种口袋做个样品吗？

☐ 缝制口袋前是否需要用衬布？

☐ 缝制时口袋边角剪得精准吗？

第10章

拉链

行业中最常用的是中心拉链，使用右侧单边压脚比较容易缝制。还有一种暗拉链，在缝合时需要使用左右两侧单边压脚。接下来，展示一种可以快速简单缝制且使用时万无一失的隐形拉链，它从外观上是看不见链牙的。而关于带有贴边的暗拉链课程，要在暗拉链的基础上进行学习。

明拉链经常被用在夹克衫和大衣的门襟上。在这节课程中，将学习把磁铁工具固定在缝纫机上，用这种简单的方法来实现均匀和顺直的缉出明线。

暗拉链经常用于裤子、牛仔裤、裙子中，所以这是一项重要的学习技能。新的缝制技巧是先缝制门襟，然后固定里襟。最后，学习手工缝制拉链上装饰小珍珠的装饰拉链，拉链上的装饰小珍珠增加了拉链的装饰性。缝制时需要把小珍珠用珠式线迹固定，同时也将拉链固定在合适的位置。

中心拉链

学习内容

☐ 通过标记缝边和拉链长度来完成准备工作；

☐ 正确安装右侧拉链压脚；

☐ 正确定位和固定拉链，在适当的位置缝制拉链。

工具和用品：

- 中等厚度棉织物
- 匹配棉线
- 18cm长的通用拉链
- 右侧拉链压脚
- 剪刀
- 缝纫标尺

拉链门襟裙装，出自Vanessa Seward，2017春夏

模块1:
课程准备

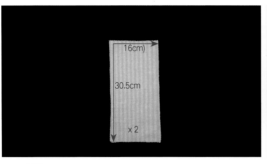

步骤1
　　准备两块长30.5cm，宽16cm的面料，将边缘进行锯齿状处理，以防止脱丝。

步骤2
　　确认面料的正反面，然后用划粉在面料的反面作"x"的标记。

步骤3
　　在其中一块面料的反面，在长度方向的左边画出2cm宽的缝边线，在另一块面料的右边画出缝边线，这表示拉链的缝合线。

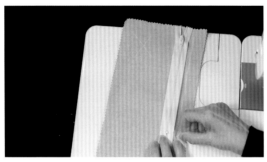

步骤4
　　在开始缝制前需要缝合部分的缝边，最简单的做法是将拉链放在其中一块面料的反面，拉链边与缝边线对齐，拉链顶端与面料边平齐，然后用大头针在拉链下止口处固定住两层面料。

步骤5
　　在大头针固定的缝边线上，起针缝纫同时将大头针拔出，在起针处一定要打回针。

步骤6
　　一直缝合到面料的底部，打回针，剪下线头，将面料从缝纫机上拿下来。

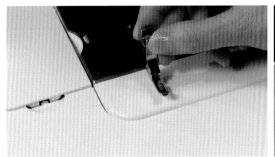

步骤1A

在缝制拉链的过程中,需要使用右侧单边压脚。

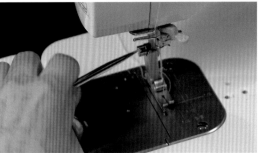

步骤1B

使用机器上附带的螺丝刀卸下常规压脚。

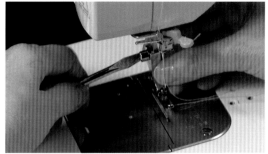

步骤1C

安装上单边压脚,拧紧螺丝。必须拧紧螺丝防止缝制时压脚掉落。

小技巧:

欧根纱是垫布的最好选择,因为它是透明的,所以能看到下面的面料。熨斗也能在上面顺利的滑动,欧根纱能很好的承受热量和蒸汽。

步骤2A

用缝纫标尺检查缝边是否是2cm宽。

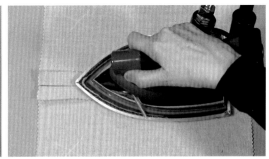

步骤2B

在面料反面,用熨斗把缝边劈开,并熨烫平整。

步骤2C

再把面料翻到正面,用一块面料作为垫布放置于上方。在这里,选用的是丝质欧根纱。

步骤2D

再一次用熨斗把缝边熨烫平整,为后续缝制拉链做准备。

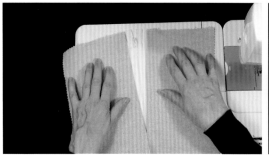

步骤1A

首先将拉链放置面料开口处的下方,并且,面料和拉链应该都是正面向上的。

步骤1B

现在将拉链拉开,准备用大头针固定。

步骤1C

从左侧开始,将拉链与面料上方边缘对齐,使拉链牙向压烫后的缝边靠里一点。

步骤2A

从上至拉链止口,用大头针在距离面料压烫折痕0.6cm的地方固定。

步骤2B

固定是为了方便上拉链,现在拉上拉链。

步骤2C

继续测量并用大头针固定到拉链底部。

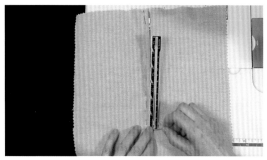

步骤2D

从拉链的底端向上量取0.6cm,大头针水平穿过两侧面料,用于缝制时机针直接从左边跨越到右边。

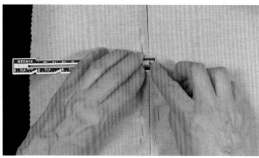

步骤2E

现在测量以及用大头针固定右边拉链,把拉链拉开一半。

步骤2F

拉开拉链后,完成大头针的固定,但要保证拉链一直在中心位置。

步骤3A

现在从左侧的顶端开始缝合，使机针跟随着大头针标记的线缝合。这时要把拉链先拉开，距离面料边缘几厘米。

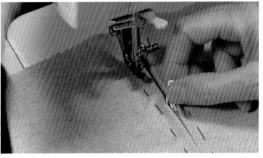

步骤3B

开始缝制左侧，在开始时打回针，一边缝制一边取下大头针。当到达拉链拉头时停止缝线，让机针离开面料。然后抬起压脚，这样就可以拉上拉链，再把压脚放在原来的位置。

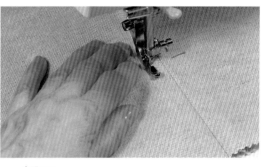

步骤3C

继续缝制拉链的左侧，直到到达底部水平大头针的位置，让机针离开面料。

步骤3D

抬起压脚，90°旋转面料。取下大头针，放下压脚。这样做就可以直接在底部，从左边跨越到右边面料。

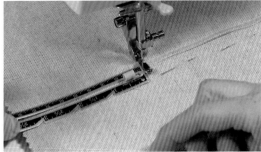

步骤3E

用缝纫标尺在底端进行测量左右两边线迹到中心的距离，保证数据的一致性，因为在底部的缝迹线应该是直角。

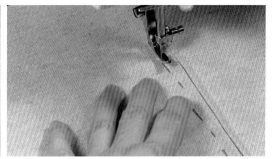

步骤3F

把机针停在右侧大头针所在的缝边线上，抬起压脚，再一次90°旋转面料。

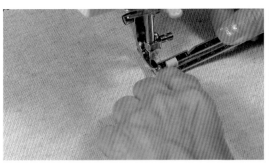

步骤3G

在继续缝合右侧前，测量右侧的缝线到中心的距离，确保同左侧一样为0.6cm，必要时需进行调整。

步骤3H

继续缝拉链的右边，边缝边把针拿掉。在距离面料顶端几厘米处停下来。把针留在布料上，抬起压脚，把拉链拉到压脚的下方。

步骤3I

完成右侧拉链的缝制，在末端打上回针。

步骤3J

剪断线头，将面料从缝纫机上拿出来。

步骤3K

现在拉链的缝制就完成了。

拉链的类型

这里的拉链主要有三种类型：尼龙拉链、塑料拉链、金属拉链。尼龙拉链由于质地轻，且灵活，使用最广泛，并适用于所有类型的服装。它的链牙一般是尼龙或者化纤材质。塑料拉链的链牙是塑料材质的，通过拉链膜具生产的。大多数被用在户外装和运动装上。金属拉链有着金属材质链牙、拉头、上止口，经常在夹克衫、大衣上使用。这三种拉链都适用于裙子/短裙，或者作为明拉链使用，并且可以自由选择链牙的宽度和拉链的长度。另外一种选择是隐形拉链，它的链牙是在反面。

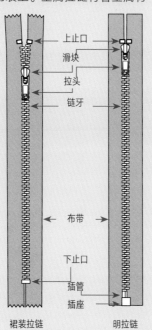

上止口
滑块
拉头
链牙

布带

下止口
插管
插座

裙装拉链   明拉链

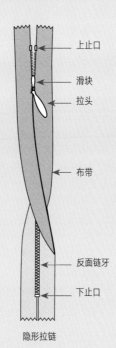

上止口

滑块

拉头

布带

反面链牙

下止口

隐形拉链

暗拉链

学习内容

☐ 标记缝边距和拉链长度；

☐ 完成拉链止口下方的缝合，建立搭接，并烫平缝边；

☐ 定位并固定右侧拉链，定位搭接，使用右侧单边压脚将搭接缝合到位。

暗拉链装显是后背夸张的蝴蝶结细节

工具和用品：

- 法兰绒面料
- 匹配棉线
- 18cm长的通用拉链
- 左右两边的单边压脚
- 剪刀
- 缝纫标尺

模块1：

课程准备

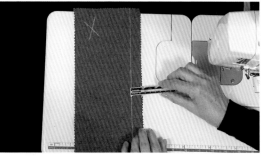

步骤1

准备两块长30.5cm，宽16cm的面料，将边缘进行锯齿形处理，以防止脱丝。

步骤2

确认面料的正反面，然后用划粉在面料的反面作"x"的标记。

步骤3

在其中一块面料的反面，长度方向的左边，画出2cm宽的缝边线，在另一块面料的右边画出缝边线，这是缝合拉链的位置。

模块2：

缝制前的准备工作

步骤1

在开始缝制前需要缝合部分的缝边，最简单的做法是，将拉链放在面料的反面，拉链边与缝边线对齐，拉链顶端与面料边平齐，然后用大头针在拉链下止口固定面料与拉链。

步骤2A

在缝边线上，大头针固定的地方起针缝制，把大头针拔出，放下压脚开始缝合，且在缝制的起点打回针。

步骤2B

一直缝合到面料的底端，打回针并剪下线头，将面料从缝纫机上拿下来。

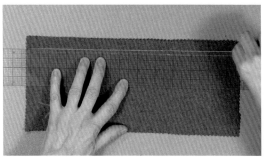

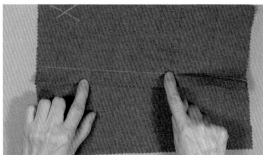

步骤3A

将缝制好的面料反面向上，平放在桌子上，并且缝合的地方在右手边。然后利用打版尺在已有的缝边线向外0.3cm，再画一条缝边线。这条是右侧拉链的辅助线。

步骤3B

把缝边的一半，以0.3cm的辅助线为折痕折叠，并用熨斗烫平。

步骤3C

接下来，把两块面料展开，反面向上，平放在烫板上，将2cm的缝边折到左半边。

步骤3D

在反面，把缝边熨烫平整。

步骤3E

翻到面料的正面，放上垫布，以防止面料出现极光现象，再一次熨烫缝边。

模块3：

缝制右侧拉链

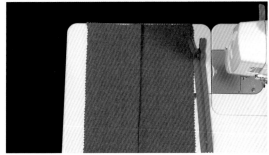

步骤1

现在开始缝制拉链。

步骤2A

将拉开一半的拉链放置于面料下方，并且都是正面向上，顶端对齐。

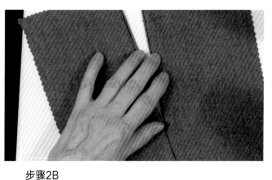

步骤2B

把右侧画的0.3cm辅助线折痕紧贴在拉链链牙的背面边缘上，使拉链链牙能从左侧的面料露出来。

步骤3A

从右侧顶端开始，用大头针固定拉链与面料，但要确保拉链牙露在外面。

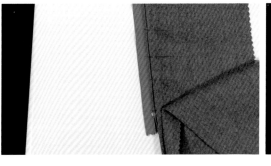

当到达拉头的位置时，闭合拉链。

步骤3B

继续用大头针固定到底部。确保面料在底部有0.3cm的余量。

步骤4A

准备左侧单边压脚缝制右半边的拉链。

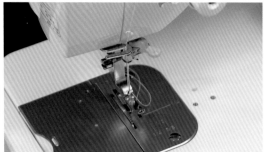

步骤4B

将机器上的常规压脚用螺丝刀卸下，换上单边压脚，并且保证螺丝的拧紧，以确保在缝制时压脚不会脱落。

步骤5A

从拉链的顶端开始缝纫，使机针尽可能地靠近面料熨烫折边的边缘。在开始时一定要打回针。

步骤5B

当到达拉头的时候停止，使机针离开面料，抬起压脚，拉开拉链，继续上述操作的缝纫过程。

步骤5C

再一次让机针离开面料，抬起压脚，但这次要拉上拉链。放下压脚，继续缝制，边缝制边取下大头针。

步骤5D

直到缝到底部后，打上回针。

步骤5E

剪断线头，将面料从缝纫机上拿起来。

连身衣的前中拉链牙外露，突显服装前面的设计细节，
出自菲利普照·林，2016年9月

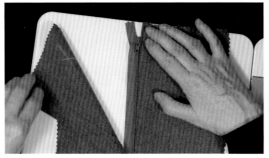

步骤1A
把面料正面向上放在桌子上，准备用大头针固定左侧拉链与面料。

步骤1B
把左边搭在右边，搭边应覆盖右侧的缝线，而折叠后形成的搭边与顶端边缘应在一条直线上。

步骤1C
接下来，用大头针沿着搭边的边缘固定，只需固定面料，从顶端一直固定到拉链的底部。

小技巧：
搭边拉链得名于搭边，或者面料的折叠，能够盖住拉链牙。经常在连衣裙、半身裙、裤子这些有腰带的服装中使用。

步骤1D
把面料翻到反面，找到拉链底端的止口。

步骤1E
在正面的接缝处插入一个大头针，穿过搭接面，大约在拉链底部止口下0.3cm处。这个大头针表示搭边的末端。

步骤1F
叠边1.3cm，作为缝纫时的辅助线。

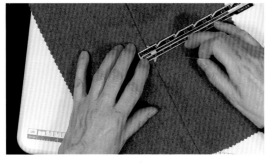

步骤1G
继续垂直测量和固定，指示针迹线沿拉链的搭边向下。

当到达拉链底端时就可以结束了。

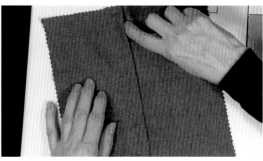

步骤1H
用大头针固定了搭边，就可以把大头针从折叠、烫平的布料边缘上拿下来。

小技巧:

当需要更换压脚时，一定要确保螺丝刀把压脚拧紧。

步骤2A

准备使用右侧单边压脚缝制搭边。

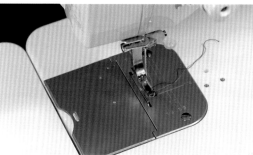

步骤2B

从缝纫机上取下左侧单边压脚，换上右侧单边压脚。

步骤3A

从顶端开始，将机针定位在大头针所在的辅助线上。缝制开始时打上回针。

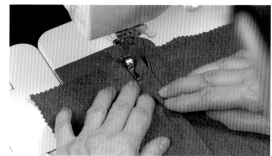

步骤3B

使机针离开面料，抬起压脚，往下拉开一点拉链。然后放下压脚，继续跟随辅助线缝制。一边走线一边取下大头针，到拉头的地方停止。

步骤3C

再一次使机针离开面料，抬起压脚，拉上拉链。然后放下压脚继续走线，像图中展示的那样取下大头针。

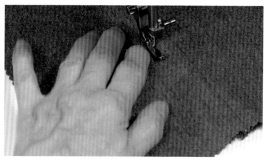

步骤3D

走线到最底部处的大头针时，停止。

步骤3E

使机针离开面料，抬起压脚，然后90°旋转面料。这样可以在搭边方向上走线。

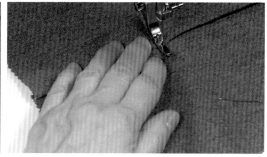

步骤3F

放下压脚，横向缝过底部到达搭边的边缘后结束，记住打回针。

步骤3G

剪断线头，将面料从缝纫机上拿起来。

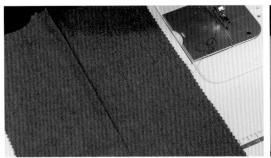

步骤3H

现在完成了拉链搭边的缝制。

步骤4A

把已经完成缝制的面料正面向上，放置在烫板上。

步骤4B

放上垫布，进行最后的整烫。

步骤4C

在整烫时，可能需要打开部分的拉链来完成拉链上部的熨烫，切记压烫时需要放上垫布。

第5步

现在就完成了暗拉链的整体缝制过程。

隐形拉链

学习内容

☐ 在缝制拉链的准备工作中，能够正确标记缝边线，把左侧拉链固定在合适的位置，能够更换隐形拉链的专用压脚；

☐ 能够缝制隐形拉链，处理拉头的位置，并且将拉链底部的缝边处理好。

工具和用品：

- 中等厚度棉布
- 匹配棉线
- 18cm长的隐形拉链
- 缝纫标尺

- 隐形拉链压脚
- 右侧单边压脚
- 剪刀

模块1：
课程准备

步骤1

备两块长30.5cm，宽16cm的面料，将边缘进行锯齿处理，以防止脱丝。

步骤2

确认面料的正反面，然后用划粉在面料的反面作出"x"的标记。

步骤3

在其中一块面料的反面画出2cm宽的缝合线，并且是长度方向的左边，在另一块面料的右边画出缝边线，这表示拉链缝合的位置。

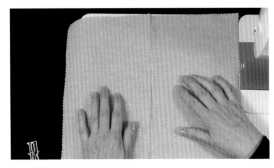

步骤4

翻转到正面，同样在每块面料上画上2cm的缝边线。

模块2：
缝制左侧的拉链

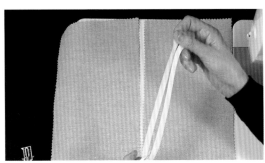

步骤1

首先拉开隐形拉链。

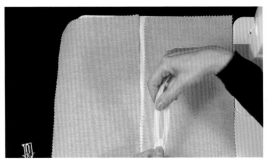

步骤2

翻转到拉链的反面，这样左半边的拉链面对右半边的面料。

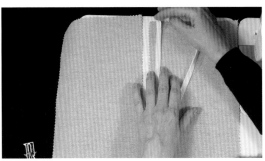

步骤3

将拉链的左半边朝下放置于面料的右侧，并确保拉链的上边缘与面料上边缘吻合，拉链的布带在左边方向，朝向布料的边缘。

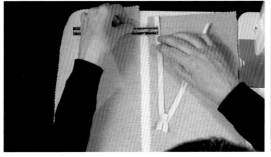

步骤4

除了在布料的反面画一条2cm的缝边线之外，还可以采取用尺子测量拉链放置的位置与布边距离的方法。

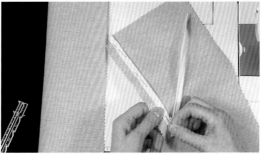

步骤5

用大头针将左侧拉链与面料固定在一起，在固定时可以让大头针平行于拉链的方向，方便缝纫时取下大头针。

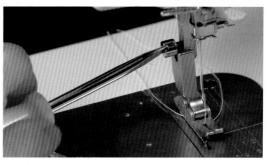

步骤6A

现在用螺丝刀取下缝纫机上的常规压脚。

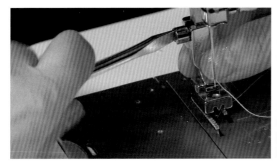

步骤6B

然后安装上隐形拉链专用压脚，用螺丝刀上紧旁边的螺丝，保证缝纫时不会滑动。

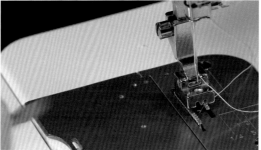

步骤7A

需要注意的是穿过针的线是在压脚的上方。然而，建议将上面的线放在压脚下面，可以避免出现线打结的现象。

步骤7B

为了把线放在压脚下方，拿一小块无用的布料缝几厘米之后，剪断线头，就能实现线在压脚下方的要求。

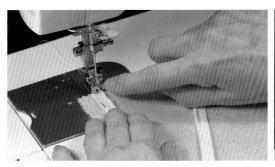

步骤8A

把拉链牙嵌入压脚上的右边凹槽，开始缝制左半边拉链，这时机针在拉链牙的左侧。

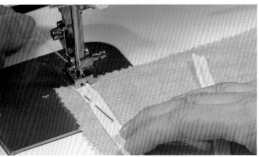

步骤8B

放下压脚，让机针进入面料。在缝制时，用手稍微拉紧线并控制它在压脚的后方，记得在开始打回针。

步骤8C

有时候拉链的上边缘不容易通过压脚上的凹槽，试着把针留在面料中，稍微抬起压脚，然后用手把拉链稍微向上拉动。可以把上边缘手动放进凹槽，然后继续缝制。

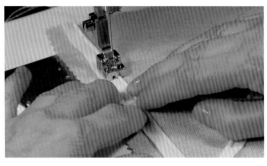

步骤8D

用手使拉链处于向上的状态，边走线边取下大头针。尽可能使机针接近链牙，这样从外观上看，拉链更加隐形且美观。

步骤8E

当压脚到达拉头时，缝制结束，在结尾处打上回针。

步骤8F

剪断线头，将面料从缝纫机上拿起来。

模块3：

缝制右侧的拉链

步骤1A

为了缝制右侧拉链，把拉链的右边正对正放置于左侧面料上。

步骤1B

确保拉链放在右边面料上时，拉链没有扭曲。

步骤1C

将拉链的右半边朝下放置于面料的左侧，并确保拉链的上边缘与面料上边缘吻合，拉链的布带在右边方向，朝向布料的边缘。

步骤2

同样的，在面料的反面画出缝合的辅助线，或者用尺子测量2cm的缝边线，通过测量链牙到布料边缘的距离来确定拉链的位置。

步骤3

用大头针固定面料与拉链，平行于拉链方向，方便缝制时取下大头针。

步骤4A

开始缝右半部分隐形拉链，将拉链嵌入到左脚的凹槽中。此时机针在拉链牙的右边。

步骤4B

同样的，如果拉链的上边缘不容易通过凹槽，请遵循317页的建议。

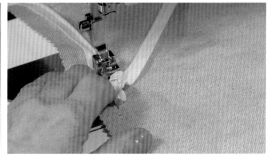

步骤4C

依据缝制左半边拉链时的方法，同样可以完成右侧拉链。当到达底部拉头时结束。

模块4：

最后的工作

步骤1

为了完成隐形拉链的缝制，在接下来的工作中需要使用右侧单边压脚。

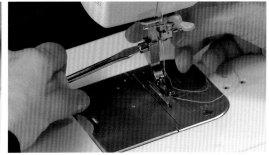

步骤2

用螺丝刀卸下隐形拉链压脚，换上单边压脚。

步骤3A

拉上拉链。

步骤3B

将两块面料正对正，对折一下，此时有一块面料的反面向上。

步骤3C

在拉链下止处临时插入一根大头针，方便看到开始缝制的位置。

步骤3D

将右侧单边压脚与机针在拉链缝边线上的大头针处对齐。

步骤3E

只要机针在正确的位置上，在开始缝制时就可以将大头针取下。

步骤4A

完成面料的缝合，一定要在开始和结束时打上回针。

步骤4B

剪断线头，将面料从缝纫机上拿起来。

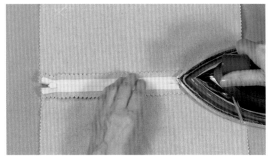

步骤4C

打开缝边并且用熨斗熨烫平整。

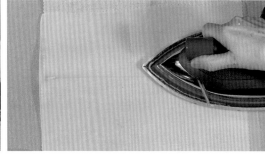

步骤4D

在面料的正面垫上垫布，最后再用熨斗整烫。

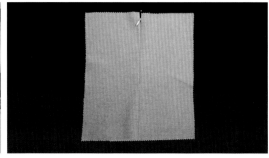

步骤5

现在就完成了隐形拉链的缝制。

经典裙装上带贴边的暗拉链

带贴边的暗拉链

学习内容

☐ 能够正确完成右侧拉链的缝制，把缝边倒向左侧，并且完成左侧拉链的缝制；

☐ 在正确的位置放置贴边并固定，完成贴边的缝制，修剪缝边；

☐ 使用技巧完成拉链嵌入弯曲的领口曲线，使用贴底车缝法、手针完成贴边的缝。

工具和用品：

• 中等厚度的棉料

• 左侧单边压脚

• 匹配棉线

• 通用拉链

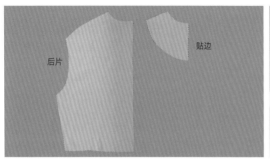

步骤1

在这里，需要准备两个后片和对应的贴边。不再单纯通过面料来演示，而是实际的服装衣片，需要将贴边与衣片的缝制。

步骤2

像之前的暗拉链教程讲述的那样完成右侧拉链的缝制。

步骤3

将左侧衣片沿2cm缝边折叠，形成折痕，将拉链放在离缝口折痕0.6cm处。

在布带的中间位置走线缝合。

步骤4

在左侧贴边的后中处折叠1.3cm并且烫平，然后把贴边放在距离后片折痕0.6cm处。

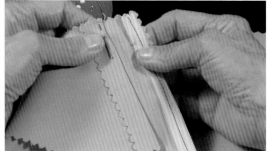

步骤5

用大头针固定贴边。

步骤6A

下一步要做的是把缝边折向左片2cm折痕处。

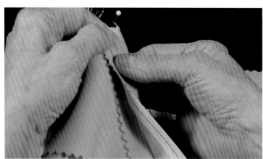

沿着原来的折痕方向，拉链边在上方，并与贴边折边重合。

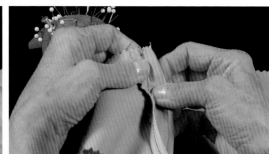

步骤6B

用大头针把这些层固定在一起，确保把缝边折到了折痕线上。必要时可进行调整。

步骤6C

在领口处，也就是后中和肩部中间的地方再加一个大头针，把贴边固定好。

模块2：

缝制左侧贴边

步骤1

先把贴边缝上，从肩线处开始到后中结束，在末端打回针。

步骤2

剪掉线头，拿下大头针。

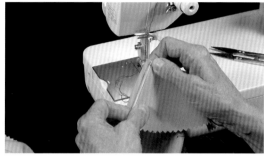

步骤3A

现在翻到衣片的正面，检查外观如何。需要注意的是，贴边是如何从折痕处翻折进去的。

步骤3B

同样注意的是，贴边的边缘如何与拉链牙对齐。

步骤4A

通过观察衣片的正面，可以通过修剪后中处的接缝余量来达到完美的贴边缝合。翻到反面修剪缝边，将中心修剪成一个角度。

步骤4B

然后沿着领圈的缝边修剪到0.6cm。

步骤5A

翻到面料的正面，完成拉链的搭边。

步骤5B

根据暗拉链的方法，完成左侧拉链的缝制。

步骤5C

对于两侧的贴边，一定要始终嵌入领圈的曲线部分。

小技巧：

　　底缝线迹接近面料的接缝边缘，以防止贴边面料翻转到服装的正面。

步骤5D

现在需要手工缝制两个贴边到拉链布带上，将每个贴边折叠后的边缘与拉链的缝合线对齐，如图所示正确的操作。

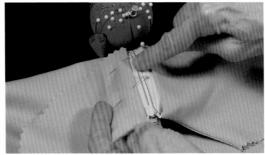

步骤5E

用大头针固定贴边，这里仅展示左侧的贴边。

步骤6A

在开始缝制贴边拉链上的贴边之前，需要在距离领圈边缘0.3cm处缉线，前后面都需要。

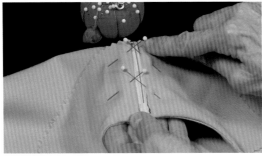

步骤6B

在用大头针固定好之后，走暗线完成贴边的缝制。

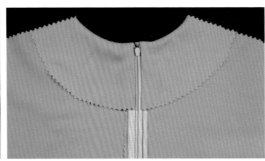

步骤6C

现在就完成了带贴边拉链的缝制。

明拉链

学习内容

☐ 增加衬料支撑拉链的造型，在前中和缝边线上作好记号，并且把拉链的两侧固定好；

☐ 使用右侧单边压脚和左侧单边压脚来缝制拉链；

☐ 借助磁铁工具的帮助，检查明线是否均匀；

☐ 左边拉链缝制时使用左侧单边压脚，右边拉链缝制时使用右侧单边压脚。

运动风风衣上的明拉链，出自卡夏尔，2007年春

工具和用品：

- 法兰绒面料
- 可黏性针织衬料
- 尼龙拉链
- 左侧与右侧单边压脚

- 剪刀
- 尺子
- 磁铁工具

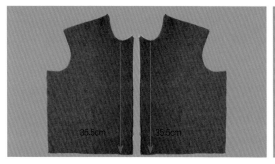

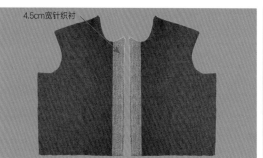

4.5cm宽针织衬

步骤1A

在这节课程中，准备两块法兰绒材质的夹克衫前片，前中长35.5cm，边缘经过磨平处理防止脱丝。

步骤1B

在前中处烫上4.5cm宽的针织衬，方便拉链的缝制。

步骤2

在面料正面，上方和下方都用白色的铅笔圆点标记，距离前中3cm，表示面料的前中所在。

拉链缝合线

步骤3

在距离白色圆点0.3cm的位置，此尺寸是拉链宽度的一半，平行前中画一条直线，表示拉链的缝合线。

模块2：

固定拉链

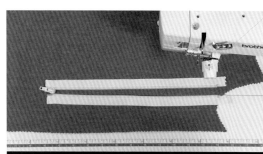

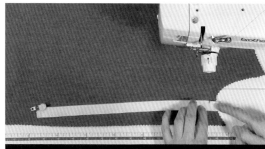

步骤1A

首先拉开拉链，正面朝上放在右前片上。

步骤1B

取下左边拉链。

把右侧拉链翻到反面，此时拉头正面向下。

步骤2A

拉链沿着缝合线，从前片顶端开始平放。拉链牙在缝合线的左侧。

步骤2B

实际的缝合线一定要尽可能的接近拉链牙与布带交接的地方。

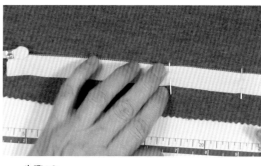

步骤2C

只要拉链的位置摆好，就可以用大头针进行固定。但是，大头针要在拉链牙的右侧固定。然后检查一下大头针是否沿着白色的缝边线，拉链牙是否在缝边线的左侧。

步骤2D

将最后一个大头针固定在拉头上方。

步骤3A

现在重复刚才的步骤，把左侧拉链同样固定在左前片上的正面。

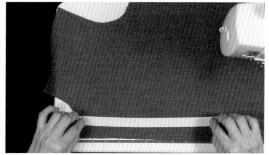

这次把左边的拉链翻过来，正面向下，然后把它放在白色缝合线的右边。

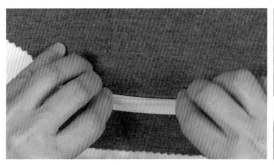

步骤3B

边缘缘固定在一起，然后继续检查是否沿着白色缝合线标记，拉链牙是否在缝线的右边。

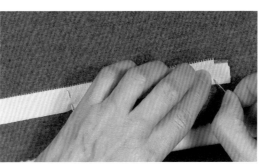

步骤3C

同样将最后一个大头针固定在下止稍靠上的位置。

步骤1A

在缝制左侧拉链前，需要把常规压脚更换成右侧单边压脚。

步骤1B

将左前片和拉链放在压脚下面，针要在要在白色缝边线上，接近拉链牙的地方。

步骤1C

从拉链背面开始缝合，打上回针。确保机针可以跳过大头针，否则就需要加大针距或者在缝纫时取走大头针。

步骤1D

当针走到拉链底部时，打回针。

步骤1E

结束缝纫机上的工作，剪断线头，然后取下大头针。

步骤2A

要把右边拉链缝到右前片上，需要把右侧单边压脚更换为左侧单边压脚。用螺丝刀拧紧螺丝，或者如果觉得螺丝刀不可靠，用一侧的卷线轴收紧。

步骤2B

将右前片及拉链置于压脚下，将针插入紧靠拉链牙的右侧，并与白色缝线对齐。开始缝纫并打上回针。

步骤2C

当距离拉链下止口大约5cm时，停止缝纫，抬起压脚。

步骤2D

现在小心地把针升上去，停止缝制。

步骤3A

把拉头拉到压脚上方。

步骤3B

拉链拉上去后，把针放回原来的针洞，把压脚放下，然后缝到拉链的末端。

步骤3C

当到达拉链末端时，打上回针，然后剪掉线头并取下大头针。

模块4：

左右两侧的明线

步骤1

将前中缝边折叠，露出拉链牙，然后将机针插入距拉链牙1.3cm的位置。这里将会演示如何使用磁铁工具，它有助于保证缝合时线迹的均匀。

步骤2

在这里使用缝纫标尺，从面料边缘量1.3cm，然后把磁铁引导工具放置在面料的边缘。然而，可以自由选择在0.6cm处缝合，还是在边缘处缝合。

小技巧：

在开始缝纫之前，确保缝纫机顶部和梭芯上有足够的线。拉链上的明线只有连续不断才能保持美观。如果在缝合时线用完了，就需重新开始。

步骤3A

把压脚放下，在开始时打上回针。将针距设置为2.8~3.2mm。在这里使用的是配套的棉线。但是明线的选择不是固定的，可以选择对比色线，甚至是丝线来装饰。

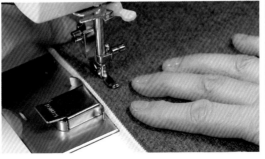

步骤3B

在缝纫的时候，保持面料在压脚的前面和后面都是拉紧的状态，有助于保证织物表面线迹的平整光滑。

步骤3C

在这个例子中，缝到夹克前片的末端，然后打回针。当然也可以选择先从夹克的底边开始，这样就可以缝到拉链的上止口。

步骤4A

为缉左侧前片的明线，取下左侧单边压脚，使用右侧单边压脚。现在需要重复上述右边的缝合步骤。

步骤4B

就像在左边做的一样，把右边的缝口折过去，露出拉链牙。在距离织物边缘大约1.3cm处插入机针，磁铁工具在拉链牙的右侧。

步骤4C

使用尺子检查缝边宽度是否正确，并确保磁性工具所在位置是正确的。

步骤4D

在开始时把线头放在压脚下方，方便缝纫，打上回针。然后像以前一样，用手引导面料通过机器。

步骤4E

在机针到达拉头前把磁性工具拿走，将拉头拉上去以方便机针通过。

步骤5A

继续缝制到夹克衫的底端，然后剪掉线头。

步骤5B

将左右两边的夹克衫放在一起，拉上拉链检查。现在已经完成了明拉链的缝制。

暗门襟拉链给这条女裤增添了男装的特质，出自芭芭拉·卡索罗，2014秋冬

暗门襟拉链

学习内容

☐ 做一个门襟形状的模板；

☐ 在自带门襟的右裤片反面，粘上衬料。然后折叠并熨烫挂面和里襟；

☐ 缝制左侧拉链，加上里襟，然后缝制右侧拉链；

☐ 用门襟模板缉上明线，把右襟缝制完成，门襟和里襟固定。

工具和用品：

• 白坯布

• 左侧单边压脚

• 可熔针织黏合衬

• 18cm长的牛仔裤用拉链

小技巧：

一个自带的门襟总是作为延伸部分与主体面料连接，而不是单独的面料。

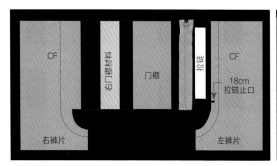

步骤1A

在这节课程中需要准备能够缝上18cm长拉链的左裤片，右裤片（在门襟处有3.8cm宽，9.7cm长的延伸），门襟宽7.5cm，长19.7cm，门襟的衬料宽3.8cm，长19.7cm，以及18cm长的拉链。

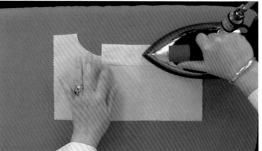

步骤1B

首先把衬料黏到右裤片的反面。

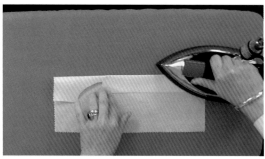

步骤2

把右裤片沿着前中线折向反面，并用熨斗轻轻按压。

步骤3

然后将里襟纵向对折并用熨斗按压。

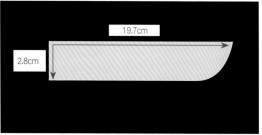

步骤4

最后，做一个门襟样的模板，长19.7cm，宽2.8cm，在底部成圆角的形状。

步骤1

沿着前中心线，从上往下量取8cm，并标记拉链下止口的位置。把两裤片裆部重合在一起，从标记处开始缝制，包括侧缝也要拼接在一起。

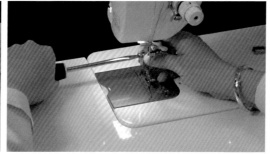

步骤2

在准备缝拉链时，需要把机器压脚换成左侧单边压脚。

步骤3

把两片裤片的前中对齐放置在桌子。将拉链面朝下沿着左片的前中线放置，拉链止口与标记对齐，明确拉链对应的裤片。

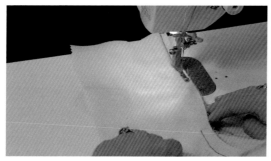

步骤4A

缝制时，左裤片反面向下，拉链在裤片下方，并且在走线时尽可能让机针接近拉链牙。

步骤4B

缝纫的过程中，拉头的位置需要变动，确保机针能够通过。

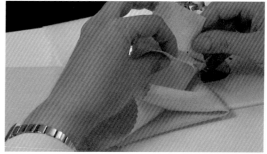

步骤5A

当到达底部时，之前的缝边需要劈缝。

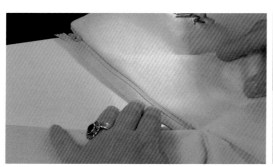

步骤5B

经过上述的操作后，呈现出图中这样的效果。

步骤6A

左裤片正面向下，把里襟放在下方，这样拉链就处于裤片和里襟之间。需要注意的是，用里襟没有对折线的一边与裤片的边缘对齐。

然后沿着刚才缝合拉链的线迹把里襟固定到裤片上。

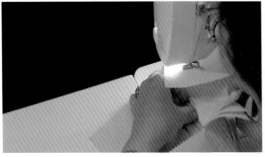

步骤6B

缝纫的过程中，拉头的位置需要变动，确保机针能够通过。

步骤6C

为了确保里襟的牢固，在走线时可以超过缝制拉链时的底点。

步骤7A

把裤片的缝边折向反面，露出链牙，此时里襟在拉链下方。在拉链拉开的状态，开始在边缘走明线。

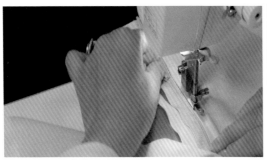

步骤7B

当离拉链几厘米时，抬起压脚，把针留在布料上。然后把拉头上去或者下降，以方便压脚通过拉头。

步骤7C

再次放下压脚，继续缝合。

模块3:

缝制右侧的拉链

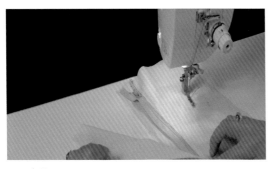

步骤1A

把拉链放在折叠好的门襟的上面，正面朝上，且腰线要对齐。

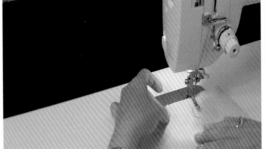

步骤1B

确保门襟从顶部至结束，折叠的距离都相同。

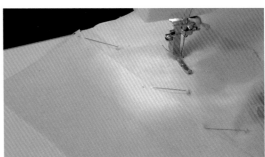

步骤2

用大头针沿前中线固定，以保证拉链位置不变。

步骤3

把面料转向反面，固定拉链。此时拉链面朝下，面向门襟。

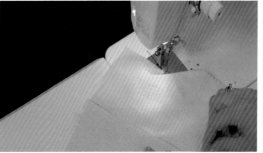

步骤4

然后翻到正面，取下上面的大头针。

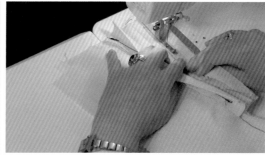

步骤5A

翻到反面缝合，在开始缝合之前，为了使机针能够尽可能接近链牙，把拉头拉下一半。

步骤5B

当缝至中间拉头处时，抬起压脚，拉上拉链。

步骤6A

现在准备在拉链布带的边缘缝第二道线。拉上拉链，距离顶部往下几厘米处开始缝纫。

步骤6B

当到达这一点时，抬起压脚，针仍然停留在面料中，并拉下拉头完成最后的缝合。

模块4：

缉右片门襟明线

步骤1

用熨斗熨烫平整要缝线的区域，避免按压链牙和拉头。

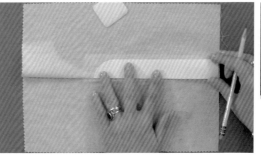

步骤2

门襟模板沿着前中心线对齐，模板放置的底部至少低于拉链止口0.6cm，这样在缝纫时不会阻碍机针通过。确定好位置后，用划粉或铅笔进行标记。

步骤3

为了缉明线，更换成常规压脚，把左片上的里襟折向裤片方向。

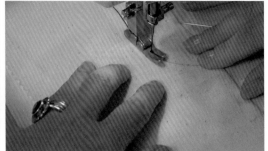

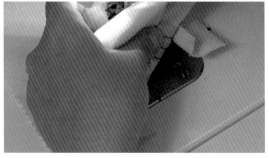

步骤4A

在左片的里襟折过去后，以腰线作为起始点，只需要缝合右前片和门襟，平行于拉链的标记线走线。

步骤4B

在开始弯曲处停下。

然后从下面检查里襟，避免缝合到里襟。

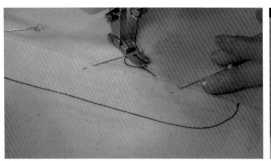

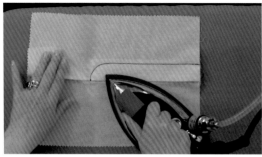

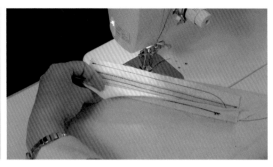

继续缝到前中线上结束，打上回针。

步骤5

熨斗整烫门襟区域，避免按压链牙和拉头。

步骤6A

在反面把门襟和里襟摆放好。

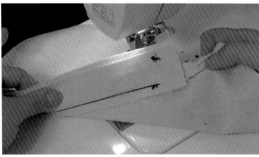

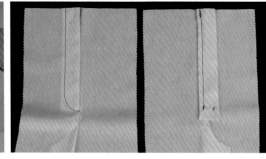

用手针把两者固定在一起。

步骤6B

这就是完成的暗门襟拉链的正反面外观。

装饰拉链

学习内容

☐ 在面料上黏上衬料，标记拉链、粗缝时缝合线的位置；

☐ 使用胶带作为缝合时的辅助，并且标记拉链、粗缝时缝合线的位置；

☐ 准备珠子，用珠式线迹缝上珠子作为拉链上的装饰。

晚礼服后背使用的装饰工艺

工具和用品：

- 丝质面料
- 可黏针织衬
- 18cm长的通用拉链
- 10号大小的珠针
- 6股绣花线
- 镊子

- 丝质线
- 胶带
- 直径0.35cm的珠子
- 顶针
- 绣花剪刀

小技巧：

这种手缝工艺对于天鹅绒面料同样适用。机器拉链后脚会损坏面料的绒毛。

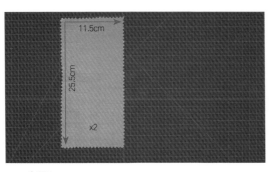

步骤1

在这节课中，需要准备两块长25.5cm，宽11.5cm的面料，在这里使用丝质的面料。

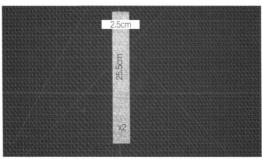

步骤2

同时也需要准备两块可黏针织衬，长25.5cm，宽2.5cm。

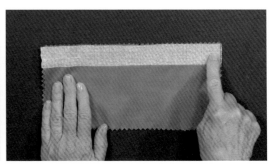

步骤3A

把黏合衬沿着长度方向黏在第一块面料的反面。

步骤3B

同样的，在第二块面料的反面也黏上衬。

步骤4A

将两块面料右侧对齐后，拉链沿面料顶端边缘对齐。然后在拉链的末端的地方作上标记。

步骤4B

缝合从标记的地方到面料的底部，缝边宽度为1.3cm。

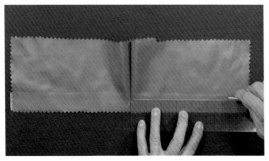

步骤5A

面料正面向上，平放在桌子上，使用打版尺在正面画一条2cm宽的缝边线。

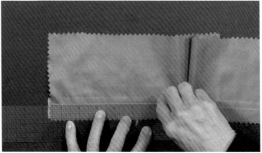

步骤5B

在另一片面料上重复上述步骤。

步骤6A

准备使用DMC绣线进行假缝。

步骤6B

剪46cm长的绣花棉线，劈开其中的一股，穿入绣花针中，打上线结。

步骤7A

在缝边线上，进行针距1.3cm长的简单缝合。

步骤7B

当到达拉链底部的标记时，剪断线头。

步骤7C

将线打结，然后在面料的另一边沿着缝边线重复上述步骤。缝的时候不要碰到接缝处。当到达末端时，剪断线头。

步骤8A

把面料开口处的缝边折起，用手指按压。

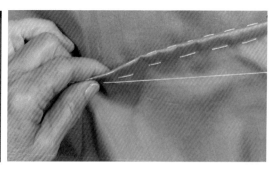

步骤8B

距离折痕1.3cm处，从拉链开口的顶部到末端缝合，每针间隔1.3cm。

步骤8C

在结束的地方，打上线结，剪掉线头。

步骤8D

现在在拉链开口的另一边重复这个步骤，如图所示。

步骤9

用熨斗熨烫，轻轻按压拉链开口处的反面和缝边。

步骤1A

使用百分之百的丝线完成珠式线迹。

为了防止缠结，给线涂上丝质线蜡。

步骤1B

如图所示，将一根46cm长的丝线穿过针后打线结，然后穿过丝质线蜡。

340

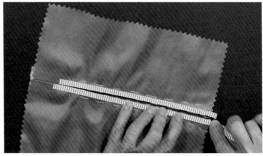

步骤2A

现在沿着拉链口的折叠边缘，拉链末端向上大约1.3cm处贴上胶带。

步骤2B

在拉链开口的另一侧重复这个步骤。

步骤2C

修剪两边条纹带顶端多余的部分。

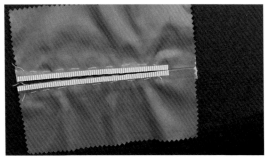

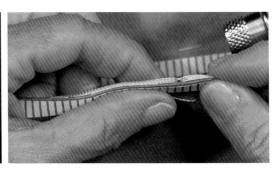

步骤2D

修剪条纹带的末端，使他们是相等长度的。

步骤3A

打开拉链，把它放在布料的拉链开口处，在顶部对齐。

步骤3B

面料的折边必须与拉链牙对齐。

步骤4A

现在距离条纹带边缘0.2cm，开始用手针缝上拉链。第一想法可能是先用大头针固定拉链。然而，针孔可能会导致织物起皱。所以在缝拉链时也要小心下针的位置。

步骤4B

在缝合的时候，用拇指将拉链固定在合适的位置，每针间隔1.3cm的距离。

步骤4C

当到达拉链底部时，打回针，然后剪断线。在拉链的另一侧重复这个过程。

模块3：
用珠式线迹添加珠子

步骤1

把一串珠子放到一个小碗里，将使用丝线来完成拉链上的珠式线迹，同时添加珠子。

步骤2A

从布料下面，紧挨着上方拉链牙和条纹带的边缘，扎入带有末尾打线结的针，把线穿到正面。

步骤2B

把针的尖端穿入第一个珠子的孔洞，然后让珠子顺着线滑下去。

步骤2C

下一针的位置距离第一针0.2cm倒缝，以便于固定珠子，然后间隔条纹带上两个标记进针。

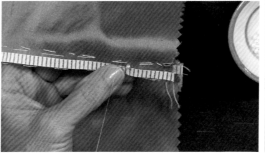

步骤2D

将针拉出，针距为0.6cm。

步骤3A

以同样的方式添加另一个珠子，0.2cm的倒缝，然后越过条纹带上两个标记开始下一针。

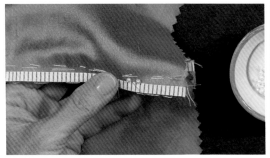

步骤3B

把线拉到顶端，把珠子固定。重复这些步骤继续添加珠子。

步骤4

在缝的时候，用手指把珠子引导到合适的位置，使它们与条纹带对齐。

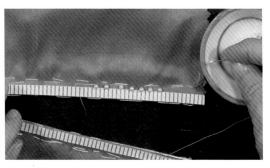

步骤5

使用小碗或杯子，这样更容易将针插入每个珠孔。

步骤6

当到达拉链的末端，就缝好了最后一颗珠子，把它固定在合适的位置，回到珠子的开口处，然后把针穿到面料反面。

步骤7

把面料翻到反面，打一个死结。然后剪掉剩余的线，重复这些步骤来缝合拉链的另一边。

步骤8

只要完成了拉链的另一边的缝合，小心地把条纹带从面料上撕下来。

步骤9A

现在用绣花剪刀的尖，剪断并且清理掉假缝的线，但要小心不要剪掉连接珠子的线。

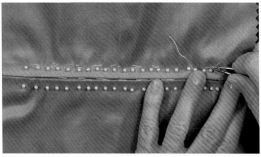

步骤9B

可能使用镊子把黏着的线清理掉更有效率。

步骤9C

不要忘记清理拉链接缝和折缝处的线。

步骤10A

最后修剪拉链顶部的线头，如图所示。

步骤10B

现在已经完成了装饰针缝拉链。

自我检查

☐ 在这个章节中做了每种拉链的样品；

☐ 在每个拉链的缝制中应用了正确的压脚；

☐ 在熨烫拉链时使用了垫布；

☐ 在缝制拉链前使用衬料来支撑缝边的造型。

译者序

俗话说"三分裁、七分做",这里的"做"就是服装缝制,这说明了服装缝制在生产服装过程中起着至关重要的作用。本书以图解的形式详尽讲述了服装缝制的方法和技巧,内容丰富、深入浅出,可以帮助读者全面提升服装缝制的水平,为缝制出做工精良的服装打好扎实的基础。

本书基于制作过程以实物拍摄方式详细介绍了多种手缝针法、熨烫方法、常用衬垫材料缝制方法、不同厚度面料的多种缝型和边缘处理方法,以及如何制作精致包边、口袋、拉链等缝制方法和技巧。此外,由于现今针织面料的使用越来越广泛,针织面料具有易拉伸性的特点,与梭织面料相比缝制制作工艺有其特殊性,本书独立成章详细介绍了针织面料常用的5种缝型、下摆和领口的缝制方法和关键技术。

本书是一本有关缝制难得的工具书,具有很强的指导性和实用性。该书对缝纫初学者来说是一本很好的入门书籍,对有一定基础的人来说,会让你的缝制技术精益求精,更上一层楼。

翻译这本书时尽可能使用了精确的服装专业术语、简明的语句,保证在表述清楚的同时更好地传达作者原意。本书在翻译和校对过程中,得到西安工程大学的唐姗姗、张晓丹、王振洁、毛倩、张英莉、杨源、潘俊杰,以及利兹大学的王奥斯的大力支持,在此表示衷心的感谢。由于时间紧,加之水平有限,欠妥或不完善之处在所难免,敬请广大读者指正。

风捷

2021年12月于西安工程大学